自立自强

奋力提升科技产业
自主可控

STRIVE TO BE
STRONGER

PROMOTE THE SCIENTIFIC AND TECHNOLOGICAL SELF-RELIANCE
AND IMPROVE THE ABILITY OF INDUSTRIAL INNOVATION

马建堂　主编

中国发展出版社
CHINA DEVELOPMENT PRESS

图书在版编目（CIP）数据

自立自强：奋力提升科技产业自主可控 / 马建堂主编 . —北京：中国发展出版社，2022.11
　　ISBN 978-7-5177-1287-9

　　Ⅰ . ①自… Ⅱ . ①马… Ⅲ . ①科技发展—研究—中国 Ⅳ . ① N12

中国版本图书馆 CIP 数据核字（2022）第 063031 号

书　　　名：自立自强：奋力提升科技产业自主可控
主　　　编：马建堂
责 任 编 辑：钟紫君　梁婧怡
出 版 发 行：中国发展出版社
联 系 地 址：北京经济技术开发区荣华中路 22 号亦城财富中心 1 号楼 8 层（100176）
标 准 书 号：ISBN 978-7-5177-1287-9
经 销 者：各地新华书店
印 刷 者：北京市密东印刷有限公司
开　　　本：710mm×1000mm　1/16
印　　　张：16
字　　　数：220 千字
版　　　次：2022 年 11 月第 1 版
印　　　次：2022 年 11 月第 1 次印刷
定　　　价：78.00 元

联 系 电 话：（010）68990535　82097226
购 书 热 线：（010）68990682　68990686
网 络 订 购：http://zgfzcbs.tmall.com
网 购 电 话：（010）88333349　68990639
本 社 网 址：http://www.develpress.com
电 子 邮 件：271799043@qq.com

总　序

马建堂

　　近年来，面对复杂严峻的国内外形势和诸多风险挑战，以习近平同志为核心的党中央团结带领全党全国各族人民，运筹帷幄，沉着应对，科学精准应对大战大考，如期打赢脱贫攻坚战，如期全面建成小康社会，实现了第一个百年奋斗目标。当今，百年变局和世纪疫情相互叠加，全国上下众志成城，统筹疫情防控和经济社会发展，各项事业取得重大成就。疫情防控科学精准，最大限度保护了人民生命安全和身体健康。千方百计稳住市场主体，经济运行保持在合理区间。科技自立自强积极推进，国家战略科技力量加快壮大。经济结构和区域布局继续优化，新型城镇化扎实推进。改革开放迈出新步伐，中国特色大国外交全面推进。生态文明建设持续推进，环境质量明显改善。人民生活水平稳步提高，民生保障有力有效。构建新发展格局迈出新步伐，高质量发展取得新成效，"十四五"实现良好开局，全国人民在党的带领下正昂首阔步行进在实现中华民族伟大复兴的道路上。

　　国务院发展研究中心作为党领导下的国家高端智库，坚持以习近平新时代中国特色社会主义思想为指导，深刻认识"两个确立"的重大意义，不断增强"四个意识",坚定"四个自信",做到"两个维护",紧紧围绕党和国家事业发展的大局大势,始终坚持以人民为中心的发展思想,把开展党史学习教育和推进决策咨询事业深度融合,坚定理想信念、牢记"智库姓党",砥砺初心使命、胸怀"两个大局",聚焦主责主业、心系"国之大者",推动高端智库建设创新路、开新局,推动决策咨询事业出新绩、谱新篇。

近年来,我们围绕经济社会发展全局性、战略性、前瞻性、长期性以及热点、难点问题开展深入研究,不断提高服务中央决策的能力和水平。此次我们精选近三年研究成果,按照"自立自强——奋力提升科技产业自主可控""强链铸盾——保障产业链供应链安全稳定""天蓝地绿——生态文明思想的理论探索与实践""国饶民康——中华民族的小康之路与复兴之梦"等主题结集出版,以便将我们的研究心得和社会各界分享,也希望得到读者朋友的批评和帮助。

"志之所趋,无远弗届。志之所向,无坚不入。"我们要更加紧密地团结在以习近平同志为核心的党中央周围,更好践行"为党咨政、为国建言、为民服务"职责使命,继续用百年党史砥砺初心使命,唯实求真、守正出新,全面贯彻落实党的二十大精神,为实现中华民族伟大复兴的中国梦贡献更多的智慧和力量!

2022 年 11 月

（作者为全国政协经济委员会副主任,国务院发展研究中心

原党组书记、研究员）

目　录

第一篇

科技创新与改革

影响我国中长期科技发展的
全球科技创新大势与应对 *

我国在制定新一轮中长期科技发展规划过程中，准确把握未来全球科技创新发展态势至关重要。综合研判新技术革命、全球化利益再平衡、中美战略博弈等影响因素表明，全球科技创新发展的中长期态势将发生重大变化。应加强科技创新体制机制改革，完善科技治理，优化创新环境，力争在国际格局深刻调整中赢得主动权。

一、国际格局深刻复杂变化下的八大科技创新趋势

当前及今后一个时期，我国科技创新发展将进入"压力加速累积、能力加速跃升、实力加速彰显"的高风险高成长阶段，仍处于重大转型机遇期。

（一）数字技术革命处于导入期后半段，或将推动全球在2030年前后进入新一轮繁荣周期

大数据、物联网、人工智能、区块链、量子信息等数字技术将取得重要突破但仍处于技术爆发阶段，距大规模扩散应用还需一段时期。这些新

---

* 本文成稿于2020年11月。

兴数字技术已于 2010 年前后陆续取得突破,展现出的良好发展前景,吸
引了大量投资。创新创业先驱开展了多元化的技术路线和商业模式探索,
一批掌握前沿技术并创造了新商业模式的独角兽企业快速涌现。但总体上
新技术发展尚未完全成熟,必需的数字基础设施仍处于"安装"阶段。按
技术革命周期的划分标准判断,目前数字技术革命处于向大规模应用过渡
的导入期后半段(见图 1)。此阶段将持续 10 年左右,之后进入展开期,
技术向经济社会广泛扩散并释放其对经济增长的推动作用;预计在 2030
年前后才有可能拉开进入新一轮繁荣周期的序幕。

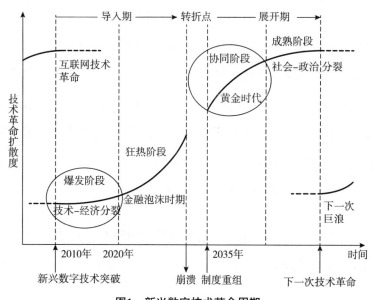

图1 新兴数字技术革命周期

资料来源:卡萝塔·佩蕾斯著:《技术革命与金融资本》,田方萌等译,中国人民大学出版
社2007年版。

(二)数据成为关键生产要素和战略性资源,全球产业加速数字化、智能化转型

科技创新和生产对数据的依赖程度越来越高。新兴数字技术大幅降低
了数据流通和利用成本,也促进了数据资源价值的发掘。数据资源产生并扩

散到经济社会各领域，有助于生产率提升；作为新的关键生产要素，也有助于减少传统要素投入需求。随着越来越多的设备与网络建立连接，生产对数据的依赖程度将不断上升。科学技术发展也呈现出明显的大科学、定量化特点，创新越来越依赖科学数据。数据将逐步成为企业、产业乃至国家的战略性资源，数据驱动的技术研发和应用创新能力也将决定长期竞争优势。

新冠肺炎疫情在很大程度上加速了数字技术扩散、新型基础设施建设以及新产业、新业态、新模式涌现。数字技术与先进制造、新材料、新能源等技术融合，推动生产制造方式变革。工业机器人、增材制造等新技术新设备快速应用，大幅提高了制造业数字化、智能化、柔性化、模块化程度，智能制造将成为新的主导制造范式，数字增加值在价值链中所占比重将显著提升。数字技术革命催生出大量边际成本几乎为零的信息产品和服务，服务业的数字化转型范围更大、程度更深。云、网、端等数字基础设施则成为数字经济时代的新型基础设施，产业竞争优势将更加依赖完善的数字基础设施和数字创新能力。传统的仅依靠低成本劳动要素参与全球价值链的国家和地区将很可能受到巨大冲击。

（三）工业革命以来形成的国际创新格局正在重塑，世界创新重心向东转移

新兴经济体在全球创新版图中所占比重将逐渐增加，创新重心呈向东转移趋势。随着全球经济重心由欧美等发达经济体向新兴发展中国家转移，以欧美等发达经济体为主角的全球创新版图也相应发生变化，部分研发和创新活动逐渐向新兴经济体转移。这一趋势自21世纪以来已经出现，未来将延续。随着科技创新投入的不断增加，新兴经济体创新能力大幅上升，发达经济体领先优势相对下降。亚洲成为全球高端生产要素和创新要素转移的重要地带，特别是东亚将成为全球研发和创新密集区，未来将很

可能产生若干具有世界影响力的创新中心。

（四）开放创新深入发展，创新生态成为竞争关键

新兴数字技术进步推动开放式创新深入发展，主体多元、市场导向、自下而上趋势逐渐增强。数字技术进步推动了世界更大范围、更深程度的"连接"，提升了创新资源的流动性和可用性，使创新要素和资源更易于获取。创新创业门槛大大降低，创新主体更加多样，产业组织和社会分工持续深化。传统的以技术驱动为主、以科研人员为主体、以实验室为载体的创新活动逐步扩展到以用户为中心、多元主体参与、更大范围合作的开放式创新，众包众创、协同创新、参与式创新等新模式不断涌现。自下而上的创新机制逐步凸显，研发活动的公私合作也将不断加强。

创新生态构建成为集聚整合创新资源、提高创新效率的关键，数据驱动的多样化平台组织将会颠覆许多传统产业组织范式。企业选择创新要素的范围扩大，要素的流动性也大大增强，产业链上下游分工合作方式更加精细化、多样化。平台经济将深刻改变生产生活方式，数字平台的蓬勃发展将实现对更大范围内社会资源的优化配置以及价值链重构。创新型企业可通过利益相关者共建平台，共享资源，共同创造并分享新价值和利润，形成新的创新生态系统。

（五）科技全球化面临技术竞争加剧等重大挑战，但国际科技合作仍有巨大潜力

科学全球化是大科学时代的主基调，但技术扩散受国家竞争的影响加剧。知识的全球传播、扩散和国际科研合作是科学全球化最主要的两种表现形式，这一趋势难以逆转。特别是在新一轮技术革命时期，国际科学交流和合作更加紧迫，创新全球化的趋势不会发生根本性改变。但技术扩散

受到"国界"化利益的影响，前沿领域的技术竞争也将更加激烈。加上个别国家以国家安全为由，采取技术禁运和排斥主义，技术性贸易壁垒也有扩大化和滥用趋势。

尽管创新全球化受政治因素影响加剧，但仍将向曲折前行、多元合作的发展方式迈进。在技术扩散、生产组织和资本流动等国际化程度总体提升的趋势下，国际科技合作始终是应对人类共同挑战，把握新技术革命和产业变革红利的重要途径。在新兴经济体对科技合作的需求持续上升的背景下，国际科技合作的新空间不断拓展，更加多元化的开放局面正在形成。发展中国家与发达经济体，以及发展中国家之间也将不断创新合作模式，提升合作效率和水平。

（六）全球科技治理体系影响凸显，新兴经济体将面临更高的国际规则要求

全球性规则与议事制度对创新活动的影响日益加深，公平竞争、协同发展成为全球创新治理演变趋势。在国际贸易特别是技术贸易领域，WTO相关规则特别是《与贸易有关的知识产权协定》（TRIPs）对知识的全球流动起着重要的规制作用。国际标准对新兴技术创新方向与产业竞争的作用日趋重要。在应对全球性问题如气候变化、重大传染病防治、反恐与安全、金融危机方面，国际组织的作用日益凸显。同时，新技术引发了包括公平竞争、税收制度、社会伦理、网络安全、个人隐私等一系列新问题、新挑战，迫切需要各国制定各领域协同发展、应对挑战的创新规则。

不断增强创新政策对国际规则的协调性和适应性，成为新兴发展中国家参与全球创新网络的必然选择。当前，全球创新治理体系的调整和新的全球治理主题的出现，给新兴经济体和广大发展中国家参与全球治理带来了机会。同时，由于新兴发展中国家的崛起，发达经济体开始对过去允许

容忍发展中国家享受一些政策优惠提出异议，要求新兴发展中国家在新的发展水平上"公平竞争"。特别是在创新政策方面，发达经济体不断提高知识产权保护程度，并要求发展中国家提高产业支持政策的公平性。增强自身创新政策的国际化程度和协调性，是新兴发展中国家融入全球创新网络的必然选择。

（七）围绕数字、生物等非传统安全领域的竞争渐强，数字两用和安全技术成为重要研发投入方向

恐怖主义、网络安全、数字安全、生物伦理等非传统安全的重要性日益凸显，给国家安全形势带来了新的变化。恐怖袭击自美国"9·11"事件以来在全球不断发展。网络和新兴数字技术发展又带来了网络攻击、隐私泄露、情报窃取等新的国家安全问题。欧洲议会《全球趋势2035：经济与社会》报告预测，到2035年，将有越来越多的个人、国家或组织掌握先进的网络入侵技术，新型网络威胁将层出不穷，网络防护的任务将不限于防止敌人窃取机密资料，反颠覆、反破坏也将成为重点。维护网络空间安全和防止核扩散一样任重道远。数字技术发展落后的国家将在情报搜集、信息安全、隐私保护、数字货币等方面处于劣势，"数字主权"将成为继边防、海防、空防之后一个全新的大国博弈空间。近年来频发的病毒流行，特别是此次新冠肺炎疫情表明，生物安全事件已从偶发风险向现实持久威胁转变，影响范围从民众健康扩展到国家安全和战略利益。克隆、合成生物医学、基因编辑、神经技术等新兴生物技术的快速发展和应用，也致使生物泄露、生物恐怖袭击、生物战等威胁日益上升，引发的伦理和安全问题受到更多关注。因此，各国将不断加强军民两用数字技术和安全技术的研发投入，以应对新的安全挑战。

（八）中美科技竞争将趋于长期化，部分关键领域形成多元化技术和标准体系

未来 15 年，由于中国将有较大概率超过美国成为全球第一大经济体，中国的研发投入也将随着经济增长而同步增长，因而有望达到与美国相当的水平，从而成为新的世界创新中心之一。中美战略竞争使 5G、人工智能、量子计算等数字科技前沿领域成为中美科技竞争的主战场。新冠肺炎疫情冲击将引发美对华科技遏制进一步强化，两国科技脱钩和竞争呈加速态势。出于战略和安全考虑，主要经济体已经开始在关键的数字技术领域谋划自己的技术标准体系，未来全球在数字技术部分关键领域的技术和标准体系将呈现多元分化态势。

总的来看，未来 15 年，我国科技创新面临着新的国际形势和挑战。全球围绕前沿数字科技创新的竞争更加激烈，创新向多极化方向发展，创新重心向东转移，科技创新形态呈多元化、自下而上、市场导向增强趋势，科技创新治理更加注重公平竞争、协同发展。我国科技创新由大变强，技术追赶更近前沿，国际竞争力迈入中高端，逐步成长为世界新的创新极。但同时利用全球创新资源、享受全球技术红利、迈向技术前沿的阻力和变数明显加大，在科技前沿和国家安全的技术和产品领域面临美国遏制。未来 5 ~ 10 年将是创新制度建设的关键期。

二、着力塑造未来科技竞争优势，加快实现科技自立自强

面对全球科技创新趋势的变化，应顺应全球科技发展大势，进一步融入全球创新网络，同时通过深化改革开放、提高科技创新能力，塑造未来科技优势，推动科技创新质量和层级跃迁，最终实现从创新大国向创新强

国的转变。

（一）坚持科技自立自强，加快形成面向未来的科技领先优势

当前，我国科技发展要面对关键核心技术被"卡脖子"需"补短板"的现实，但仅靠"补短板"难以从根本上解决问题。应"两条腿走路"：一方面，加快核心技术突破；另一方面，形成未来科技领先优势。为此，应立足国家科学技术长远发展确定重点领域、重点方向和重点项目，战略性配置科技资源。

（二）进一步提升科技创新重大决策层级，夯实顶层统筹协调机制

今后一个时期，我国研发投入总量将与美国比肩，为集中优势资源实现前沿科技突破提供了基础。应健全科技创新资源统筹协调机制，集中优势资源进行前沿核心技术突破，提高对科技创新支持的协调性，充分释放科技创新资源潜力。

（三）构建鼓励创新的包容性监管体系，发挥应用创新优势并向科技前沿迈进

落实包容审慎监管，促进新技术、新产业、新模式稳步向前发展。尽快完善鼓励创新的政府采购政策，发挥政府采购培育早期市场的作用。加快新兴数字基础设施、技术转移体系等创新基础设施建设，促进新技术应用。建立多部门协作的技术风险预警体系，加强对重大科技项目投入产出效率、重大技术需求、重大技术变革等前瞻研判。

（四）充分激发各类创新主体的内在动力，发挥好超大规模市场优势，释放全社会创新活力

改进科研项目组织和管理，落实科研"三评"改革，鼓励人才自由探索和创新。在前沿技术创新领域，进一步发挥市场的作用，鼓励更多创新型大企业、创业企业、新型研发机构等参与。面对未来科技发展的不确定性，采取超前布局和动态调整相结合的重大科技专项布局方式。建立公平竞争、更加有效保护知识产权的良好市场环境，为各种所有制、规模、技术路线的企业提供公平获得创新资源和参与市场竞争的机会，真正形成优胜劣汰的竞争机制。

（五）增强对国际规则体系的适应性和影响力，以更加灵活、有效的方式融入全球创新网络

坚持"在竞争中合作，在共赢中发展"原则，从被动履行国际规则向主动塑造、运用和遵守规则转变，加快形成符合国际通行规则的创新政策体系。着眼国家长远发展的大局，维护对外科技合作关系基本面稳定。拓展国际科技合作和世界先进科学技术来源渠道，加强与发达国家的基础研究和前沿技术合作，以及与科技基础较好的发展中国家拓展合作。研究建立技术移民相关宏观调控、筛选评估、权益保障等政策体系，构筑能更大范围集聚全球创新人才的创新环境。

马名杰　戴建军　龙海波

熊鸿儒　张　鑫

中长期科技发展必须实现战略思路和政策转变 *

统筹"补短板"与"锻长板",是我国科技发展在新的国内外形势下的必然选择。从"十四五"乃至新一轮中长期科技发展战略看,我国科技发展思路应加快实现从"科技追赶"向"科技领跑"的战略转变,着力塑造面向未来的科技竞争优势。创新政策应向普惠性、竞争中性和包容性政策转型,形成与新时期国家科技创新发展战略相适应的政策体系。

一、新时代科技发展战略和政策必须加快转型

全球新一轮高科技竞赛加速,主要国家加大创新投入,重点布局新兴前沿技术领域。以新兴数字技术的大规模应用和渗透融合为代表,许多颠覆性技术、新经济形态和新生产组织方式涌现,正在重塑国际经济与创新格局,引发新一轮大国兴衰更替。为抢占前沿技术的制高点、把握全球创新优势竞争的主动权,主要国家近年来不仅保持了对研发和创新活动的高投入,而且普遍加大了政府研发预算规模。一方面,主要发达国家的研发投入强度普遍在2.5%以上,OECD国家均值也超过2.4%(见图1)。我国经多年快速增长,2019年达到2.2%,但仍有一定差距。另一方面,OECD国家的政府研发预算平均增幅达5.6%,2018年美国、日本分别高

---

* 本文成稿于2020年10月。

达 13.5%、7.8%（见图 2）。主要发达国家优先选择在人工智能和机器人、新一代通信网络、数据分析和高性能计算、量子科学、生命健康科学、先进材料等前沿领域加大投入。近日，美国明确提出在 2021 年非国防研发预算中将人工智能和量子信息领域的支出增加约 30%，还宣布联邦机构和私营部门伙伴将在未来 5 年内投资超过 10 亿美元，专门支持 12 个专注于这两大领域的新设研究机构[①]。相比之下，我国在多数前沿科技领域仍处于发展的初级阶段，仅在极少数领域实现了真正意义上的"领跑"。尽管在论文、专利等成果数量指标上逐步领先，但在知识产权收入、高被引科学家、创新领军企业、高技术产业增加值等质量和效果指标上仍有不小差距，在全球创新合作网络中仍处于次要或边缘位置。例如，我国的专利申请总量已多年位居世界第一，但数量优势并未改善我国知识产权贸易快速扩张的巨额逆差（见图 3）。

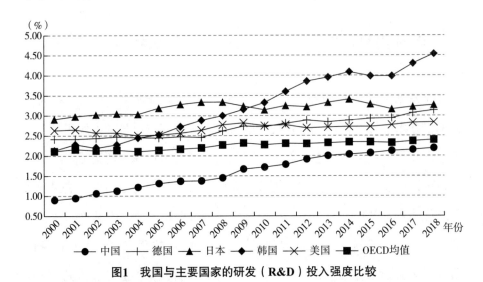

图1　我国与主要国家的研发（R&D）投入强度比较

数据来源：OECD数据库，笔者测算。

---

① 来自2020年8月26日美国白宫科技政策办公室的官方消息：美国国家科学基金会（NSF）在未来5年内投入1.4亿美元建立7个人工智能研究中心以及设立3亿美元以上的人工智能研究所奖项；美国能源部（DOE）在未来5年内投入6.25亿美元建立5个量子科技研究中心；另外还有来自私营部门伙伴约3亿美元的资金投入。

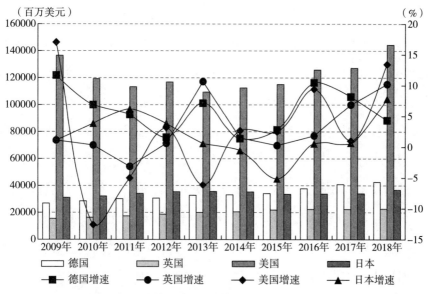

图2 主要国家政府研发预算水平（2009—2018年）

数据来源：OECD数据库，笔者测算。

注：按美元不变价（PPP）计算。

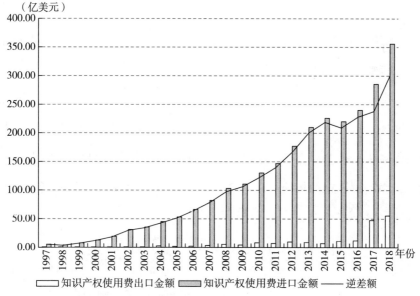

图3 我国知识产权使用费进出口及逆差额变化（1997—2018年）

数据来源：商务部，笔者测算。

我国正处于从科技大国迈向科技强国的关键阶段，国家科技发展应着眼长远。国家间科技竞争的核心是能否赢得未来的科技领先优势。国家科技投入重点在很大程度上决定了未来优势科技领域。历史经验表明，在技术路径未发生重大改变的情况下，一国在某个科技领域的领先优势一旦形成就难以被别国超越。只有主动选择优势领域重点持续投入，才有望形成局部领先优势。

前沿技术的政府支持方式不同于成熟技术领域，必须加快创新政策转型。各国发展实践证明，面向商业导向的前沿技术，政府很难靠事先选定路线或特定环节然后集中攻关来实现预期目标。多数情况下，政府主要是建立激发市场创新的制度体系，鼓励分散试错、充分竞争，稳定支持高水平的基础科研、教育体系和产学研合作网络，以及解决新技术可能带来的各类经济社会挑战。

二、新时期科技发展要从"科技追赶战略"向"科技领跑战略"转变

我国已形成了目标多样、手段丰富、覆盖面广且针对不同主体的创新政策体系（见表1）。但伴随国内外形势的深刻变化，从科技投入到创新机制，创新政策制定的思路和范式都要转型，助推从"追赶战略"转向"领跑战略"（见表2）。

表1 我国创新政策的主要类型：基于政策目标划分

政策类型	政策目标	政策特征	例子
一般性创新政策	对研究开发活动和创新活动给予支持	纠正市场失灵；促进知识流动普惠、无歧视	从基础研究到科技成果转移转化；促进产学研合作；促进区域创新发展

续表

政策类型	政策目标	政策特征	例子
制度环境类创新政策	构建公平竞争、创新友好的制度环境	纠正制度失灵；落实改革措施	知识产权政策；人才政策；标准政策
社会发展性创新政策	以增进社会福利为主要目的，促进技术扩散和普及	弥补市场失灵	能源、环保、健康等领域新技术应用
针对特殊群体的政策（包容性创新政策）	促进创新创业机会均等以创新促进社会发展	包容性	针对中小微企业等弱势群体的创新创业活动

资料来源：笔者编制。

表2　支撑新时期科技发展的创新政策转型思路

内　容	目　标
科技发展战略转变	从"科技追赶战略"到"科技领跑战略"；从主要注重"补短板"到同时注重"锻长板"
政策理念转变	从竞争到竞合，从数量到质量，从经济发展到经济和社会发展
政策目标转变	从引进消化吸收再创新为主转向更依靠原始创新和前沿创新；重视竞争导向的政策，资源要基于市场绩效和竞争绩效配置
政策类型转变	从选择性转向普惠性、功能性、包容性
政府作用转变	更多提供基础性、平台性、制度性服务
政策流程转变	自上而下与自下而上相结合，更注重发挥市场创新主体作用
实施机制转变	基础研究、前沿技术研究、关键共性技术研究等国家科技计划的组织实施机制（关键技术选择机制、组织攻关机制）

资料来源：笔者编制。

"科技领跑战略"的核心是国家战略性科技投入应坚持"着眼长远，坚实基础，发挥优势，开放融合"的原则，着重塑造面向未来的科技领先优势，立足国家科学技术长远发展确定重点领域、重点方向和重点项目，战略性配置科技资源，以"积极进取"替代"被动防御"。

"科技领跑战略"的目标是在若干领域形成局部技术优势。与美国全面科技领先战略不同，我国经济和科技水平决定了只能形成局部领跑而不是全面领跑。局部领跑技术成为未来较长时期我国科技发展的战略目标。

形成局部技术领跑的领域应有较好科技基础、符合未来科技发展方向、具有较强战略价值的战略性前沿技术。

三、创新政策转型要突出重点，向普惠性、竞争中性和包容性转变

我国创新政策要适应"科技领跑战略"的需要，从供给和需求两侧加快转型。要更加突出政策的普惠性、竞争中性和包容性，逐步减少选择性创新政策，充分发挥制度性创新政策的基础性作用，构建公平竞争、创新友好的制度环境。要重视发挥对中小微企业、欠发达地区企业等弱势群体的创新创业活动的包容性创新政策作用。推动创新创业机会均等化，以创新促进社会发展。

一是优化基础研究、前沿技术与关键核心技术攻关的组织方式，增加源头技术供给。继续稳增投入水平，优化基础研究的财政支出结构，改进评价方法，完善专家评议制度。着力解决好重大共性理论和前沿科学问题，创新科学问题与技术需求凝练机制。加强基础研究对关键核心技术攻关的支撑力度，增加集基础研究、应用研究、试验开发和示范工程于一体的 RD&D 计划。聚焦国家长期战略需求，在有基础的重点领域集中稳定支持，形成"非对称优势"。建立完善多方参与决策机制，鼓励企业和社会资本以多种方式参与。

二是探索形成多个主体之间分工明确、深度融合的产学研合作新模式，提高科技成果转化质量。积极探索面向重大前沿技术突破的新型研发组织方式和产学研合作机制，促进创新链条各环节的协同推进。支持高校、科研院所、企业和政府多方联合组建一批面向市场的新型研发机构。

支持龙头企业通过供应链关联协作，吸引上下游配套企业和社会化资源，提升产业技术创新联盟的运行效率和影响力。培育壮大专业化的技术转移中介机构、技术交易市场和中小微企业创新服务平台，加快职业化的技术转移队伍建设。

三是知识产权政策要更加注重有效保护和准确确权，更加注重应用。严格授权标准，从源头上提高知识产权的质量和价值。以提高惩罚力度为重点促进知识产权有效保护，让创新活动能够通过知识产权在市场上获益；实施协助取证措施，减轻原告的举证压力；实施惩罚性赔偿制度，建立健全多部门联合惩戒机制；加快知识产权法院和知识产权法庭建设，研究建立异地诉讼机制。

四是充分发挥政府采购的作用，更加注重从需求侧拉动创新。完善《中华人民共和国政府采购法》，将支持创新与保护环境、支持不发达地区和少数民族地区、促进中小企业发展并列，列入政府采购政策的政策目标。明确本国产品标准，在一定价格差范围内优先采购。充分利用《政府采购协议》（GPA）例外条款，研究制定具体的例外范围、认定标准、保护措施。

五是创新型人才政策要从注重人才身份转向注重人才能力和实绩。扩大和落实高校和科研机构在考核评价、编制管理、职称评审、人员激励等方面的自主权。大幅压缩人才计划和政策，加强顶层设计和统筹，从政策扶持向制度环境建设转变，从"前置奖补"向基于工作绩效的"后置奖励"转变。改进人才引进机制，增加用人单位话语权，积极发挥市场选人、市场评价的作用。

六是依靠更深层次的科技体制改革助推创新政策转型。进一步分类、分步推动科研机构改革，既要保障核心机构并配置适当自主权、更大力度放开非核心机构，也要以国家实验室等增量改革为出发点和突破口，探索形成新型国立科研机构治理机制。进一步抓实抓细"三评"制度改革，推行全流程公开透明和痕迹管理，健全中长期绩效评价制度，强化科研诚信体系建设和良好学术生态营造。进一步深化国际科技交流合作、鼓励创新要素跨境流动的体制机制改革。

马名杰　沈恒超　熊鸿儒

科技体制改革：历程、经验与展望 *

改革开放 40 年，我国科技体制改革取得明显成效：科技水平和创新能力大幅提高，国家创新体系日益开放，创新环境不断改善，创新对发展的支撑作用逐步增强。同时也要看到，在长期的科技体制改革中，一些符合科研规律和创新规律、支撑创新型国家建设和创新驱动发展的基础性制度仍未建立。这些基础性制度短板已经成为制约我国科技进步和创新能力提升的关键所在。因此，加快建立符合科研和创新规律的基础性制度，是新一轮科技体制改革的核心任务。

一、我国科技体制改革的阶段性进程

新中国成立后的 10 年左右，是我国科技管理体系和科研组织体系形成的时期。这一时期形成了计划经济特征鲜明的，以中央和地方各级科委为主管部门的科技管理体系，以中国科学院和地方科研机构为主导的科研组织体系，以科技计划为核心分配科技资源的科研经费管理体系。在其后的几十年间，科技政策体系逐步成形，并逐步从计划式和定向支持向市场化和普惠式的创新政策体系转变。可以说，我国科技体制改革就是在计划经济体制向市场经济体制转型的过程中，不断探索如何处理政府与市场关

* 本文成稿于2019年5月。

系、如何高效配置科技资源、如何激发创新主体活力，不断推动"四大体系"的调整和转变。

（一）1978—1984 年：恢复科技体系，启动试点改革

在中央将党的工作重心转向经济建设，努力实现"四个现代化"的背景下，科学技术对发展的重要作用受到中央高度重视。邓小平在 1978 年 3 月全国科学大会上关于"科学技术是生产力""知识分子是工人阶级的一部分""四个现代化的关键是科学技术现代化"等重要论断[①]，为科技体制改革的正式启动奠定了思想基础。

在服务经济建设的思想指导下，以"四大体系"为核心的国家科技体系得到了迅速恢复。1977 年 9 月，作为科技工作主管部门的国家科委正式恢复；12 月，作为国家科技活动指导纲领的《1978—1985 年全国科学技术发展规划纲要》启动制定；国家核心科研机构——中国科学院，以及省、地（市）、县三级科研机构也陆续恢复了科研活动。全国科技活动逐步回归正轨。

由于国有科研机构在我国科研体系中占有核心地位，在相当长的时期内，科研机构改革都是科技体制改革的重点。这一时期，为破解"科技经济'两张皮'[②]问题"，国家启动了科研机构试点改革。改革试点从地方开始，包括试行科研责任制和课题承包制，调动科研机构和人员成果转化的积极性；尝试成果有偿转让，探索以科技成果转让合同、技术图纸转让合同和厂所结合的科技成果转让合同代替以往的无偿转让；用行政手段调整科技资源的布局（如跨部门调动科技人员）；探索转变政府科技管理职能，

---

① "在全国科学大会开幕式上的讲话"，《人民日报》1978年3月22日第1版。

② 中华人民共和国科学技术部编：《中国科技发展60年》，科学技术文献出版社2009年版，第139页："随着经济体制改革的日益深化，以及国民经济对科技需求的日益增大，这种高度集中型的科技体制固有的弊病逐渐显露出来，主要表现在：科研机构被管得过死，缺乏自主权，不能根据生产的需要和自身优势设立课题，开展研究；科研机构游离于企业之外，产生了科研与生产'两张皮'的现象"。

国家对科研机构的管理由直接控制为主转变为间接管理；改革科研人员管理制度，实行专业技术职务聘任制等。但限于当时的行政和人事管理体制等因素，改革试点效果不明显①。

（二）1985—1994 年：简政放权，支持基础研究和高技术发展

1984 年《中共中央关于经济体制改革的决定》拉开了经济体制改革的序幕，也为科技体制改革指明了方向。1985 年 3 月，中共中央《关于科学技术体制改革的决定》出台，提出"经济建设必须依靠科学技术，科学技术工作必须面向经济建设"的战略方针。

以"'稳住一头，放开一片'②，促进科研机构面向经济建设"和"简政放权"为改革思路，这一时期的科研机构改革转向改革科研机构内部管理制度，调整政府与科研机构的关系。包括：以承包制为核心，扩大科研机构自主权；将科研机构分为三类，实行不同的经费拨款方式并引入经费竞争机制；鼓励科研人员以兼职等方式走出科研机构；鼓励科研机构直接从事成果产业化；打破政府包办所有科研机构的体制，允许集体或个人建立科学研究或技术服务机构等。

另一个重大变化是基础研究、高技术研究和高技术产业发展受到重视。1986 年，国家自然科学基金委员会成立，《高技术研究发展计划纲要》（即"863 计划"）首次发布；1988 年，国务院批准建立北京市新技术产业开发试验区，同年 8 月，支持高新技术产业发展的"火炬计划"正式启

---

① 马名杰："从科研机构改革到研发组织体系重构"，国务院发展研究中心《调查研究报告专刊》2008年第115号（总891号）。

② 参见国家科委、国家体改委：《关于分流人才、调整结构、进一步深化科技体制改革的若干意见》（1992年8月）。新的改革方阵被概括为"稳住一头，放开一片"：一方面，稳定支持少部分基础性研究和基础性技术工作；另一方面，大量放开放活技术开发机构、社会公益机构、科技服务机构。

动。尽管在很长时期内我国基础研究和高技术研究的水平和经费投入都较低，高技术产业的"技术含量"不高，但国家的提前布局为中长期科技水平提升和高技术产业发展打下了重要基础。

（三）1995—2000 年：科研体系大调整，突出企业创新主体地位

在中央明确提出"建立社会主义市场经济体制"，改革开放步伐加快的背景下，1995 年出台的中共中央、国务院《关于加速科学技术进步的决定》标志着我国科技体制进入了新阶段。这一时期的改革有两个主要特点。

一是从以国有科研机构改革为重点，转向构建社会化的、多元主体的研发组织体系，尤其突出了企业的创新主体地位。《关于加速科学技术进步的决定》提出"建立以企业为主体，产学研相结合的技术开发体系和以科研机构、高等学校为主的科学研究体系，以及社会化的科技服务体系"，这是首次从体系构建的角度确立科技体制改革的思路和目标。为鼓励企业加强研发投入，1996 年全面实施企业研发费用加计扣除政策；1999 年又出台了一系列鼓励企业创新的政策，其中，科技型中小企业技术创新基金的设立，标志着支持科技型中小企业发展成为科技政策的重点之一。

二是国有科研体系出现重大调整，行业性科研机构转为企业。《国务院关于"九五"期间深化科学技术体制改革的决定》将科研院所继续推向市场，以解决"科研机构与市场脱节"问题。1999 年，原国家经济贸易委员会 10 个国家局所属的 242 家科研院所转制为企业。这次改革使市场上出现了一批科技型企业，但也对我国产业共性技术供给能力和技术扩散产生了不利影响。自此，科研机构改革在科技体制改革中的地位明显下降。

（四）2001—2011 年：建设创新体系，增强自主创新能力

进入 21 世纪，我国科技实力获得了较大提升，但发展国民经济的"两个根本转变"[1]仍未实现。科技投入不足，发明专利少，自主创新能力弱，难以对增长方式转变形成有效支撑。因此，加快提升自主创新能力成为重要政策目标。2001 年，《中华人民共和国国民经济和社会发展第十个五年计划纲要》提出"建设国家创新体系"；2006 年《关于实施科技规划纲要增强自主创新能力的决定》《国家中长期科学和技术发展规划纲要（2006—2020 年）》，以及党的十七大都强调增强自主创新能力，全面推进国家创新体系建设，并提出 2020 年将我国建设成为创新型国家的目标。创新和国家创新体系的理念在这一时期被正式引入国家政策，反映出我国科技体制改革理念的重大变化，市场力量和系统性制度建设的重要性受到更高重视。

（五）2012 年至今：在全面深化改革中推进科技体制改革

2012 年以来，我国经济增长由高速转向中高速，经济发展进入新阶段，迫切需要摆脱对传统增长方式的依赖，实现创新驱动发展。这一时期的改革更加重视激发微观主体的活力，包括改善营商环境和鼓励创新等措施密集出台。

2012 年 11 月，党的十八大提出"实施创新驱动发展战略"。2015 年 3 月，《中共中央 国务院关于深化体制机制改革加快实施创新驱动发展战略的若干意见》（以下简称《若干意见》）发布。作为指导新时期改革的纲领性文件，《若干意见》从营造激励创新的公平竞争环境、建立技术创新

---

[1] 党的十五大提出了发展国民经济要实现两个根本转变，即经济增长方式由粗放型转变为集约型，把国民经济建设转变到依靠科技进步和提高劳动者素质上来，明确把加速科技进步放在经济、社会发展的关键地位。

市场导向机制、强化金融创新的功能、完善成果转化激励政策、构建更加高效的科研体系、推动形成深度融合的开放创新局面、加强创新政策统筹协调等 7 个方面深化改革；并提出到 2020 年基本形成适应创新驱动发展要求的制度环境和政策法律体系，为进入创新型国家行列提供有力保障。2015 年 9 月，《深化科技体制改革实施方案》印发，2016 年 5 月《国家创新驱动发展战略纲要》发布。这两个文件主要围绕科技计划体系，科研经费管理，扩大高校和科研机构自主权，落实科研成果转化的股权、期权和分红激励，强化知识产权保护等进行改革。此外，围绕"大众创业、万众创新"相继出台了一系列政策措施。

二、我国科技体制改革的几点经验

（一）坚持自主研发和引进技术并重

科技水平和创新能力的提高，离不开对科学技术的长期投入。尤其在经济起飞阶段，政府科技投入对国家科技基础的形成尤为重要。

一是在财政资金十分有限的条件下，通过制定科技计划对科技发展方向和投入重点予以规划，并根据经济社会发展需要进行调整。作为技术追赶国家，我国的研发经费投入在很长时期内以政府投入为主①，直到 21 世

---

① 在计划经济时代和改革开放早期，我国并没有R&D经费支出的统计数据。但在计划经济时期，所有的研发活动均由政府资金支持开展，在改革开放后随着经济体制和科技体制的改革这种局面才发生根本性变化，因此我们可以得出此结论。根据历年《中国科技统计年鉴》和《新中国65年统计资料汇编》数据显示，我国从1995年才开始正式发布R&D经费支出数据。此前，我国科技经费指标为科技经费筹集额、科技经费支出额以及国家财政科技拨款，这3项指标的最早数据年份为1994年。1995年，科技经费筹集额为962.5亿元，科技经费支出额为845.2亿元，国家财政科技拨款为302.4亿元（来源：中华人民共和国科学技术部，中国科技统计数据，http://www.sts.org.cn/sjkl/kjtjdt/index.htm.）；该年的R&D经费内部支出为348.7亿元（来源：《中国科技统计年鉴—2017》）。2000年开始，我国不再公布科技经费筹集额与科技经费支出额，只公布R&D经费支出和国家科技财政拨款数据。

纪初 ①，企业才超越政府成为科技投入的主要力量，且其所占比重持续升高（见图 1 ）。但在基础研究方面，政府始终是主要投入者。2016 年，全国基础研究经费支出 822.9 亿元，企业支出仅占 3.2%②。

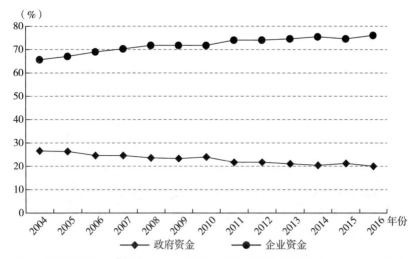

图1　政府资金和企业资金占R&D经费内部支出的比重变化（2004—2016年）
资料来源：历年《中国科技统计年鉴》。

二是科学技术研究的"国家队"通过为企业提供技术服务，直接创办技术型企业，科研人员向企业流动等途径，对我国提高产业技术能力提供了重要支撑。随着企业内部研发能力的增强（见图 2 ），研发机构和高校在 R&D 经费支出和 R&D 人员全时当量中的比重分别从 1995 年的 54.1% 和 51.7% 下降到 2016 年的 21.3% 和 19.3%，但仍是推动我国基础研究和科技进步的重要力量。

三是重视引进国外先进技术。改革开放之初，国家认识到"管理水平和技术水平问题可能拖我们后腿"，提出对内建立科研管理体系，对外实行技术引进。因此，"引进、消化吸收、再创新"成为很长时期内的我国

---

① 我国对R&D经费内部支出的来源分类数据从2004年才开始发布。

② 本文所引用的数据来源除特殊说明外均来自历年《中国科技统计年鉴》。

科技战略和政策的一个主基调，国外技术成为启动和推动我国经济发展和工业化的重要技术源泉。2000 年以来，我国规模以上工业引进国外技术经费一直稳定在 4000 亿元左右（见图 3），而引进国外生产设备则保持较快增长。

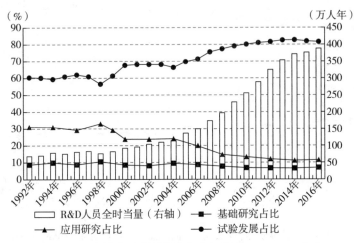

图2 R&D人员全时当量及其分布变化（1992—2016年）

资料来源：历年《中国科技统计年鉴》。

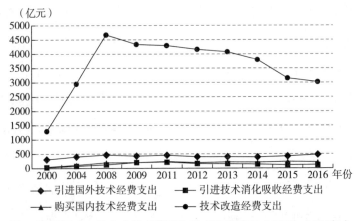

图3 规模以上工业企业技术获取和技术改造情况（2000—2016年）

资料来源：历年《中国科技统计年鉴》。

（二）以科技管理体制改革为重点，实施综合配套改革

在科学技术供给中正确处理政府与市场的关系，提高科技投入效率，始终是我国科技体制改革要解决的核心问题。

一是坚持问题导向，根据发展需要不断调整改革重点。2000年前，科技体制改革的重点是科技计划体系、科研经费管理制度和科研机构。2000年后，国家创新体系的理念被引入科技体制改革中，改革更重视发挥政府、高校、科研机构、企业在国家创新体系中的相互作用，促进技术和人才的跨部门自由流动，以及对产学研合作予以更大支持。2012年后，市场经济体制改革对科技体制改革和创新驱动发展的基础性作用得到广泛共识，以市场改革促创新的理念和举措被广泛采纳，科技体制改革的范围进一步扩展到激励创新动力的市场改革领域。

二是根据经济社会发展需要不断调整科技计划设置和政府支持重心，将有限财政资金用在最能满足国家经济和产业发展需求的科技领域。党的十八大之后，相对分散的国家科技计划整合为五大科技计划[①]。政府支持重点也随着科技和经济发展水平的提高从产品研发向竞争前研究转移。政府对基础研究、关键共性技术和前沿技术研究的投入规模不断增大。

三是不断调整政府科技管理职能。随着我国从技术追赶向技术前沿迈进，政府集政策制定、项目选择、资金分配和项目管理等职能于一身的弊端越发凸显。战略规划和政策制定与项目管理职能相分离逐步成为社会共识。党的十八大正式确立了科技主管部门负责政策制定，专业管理部门负责项目管理的新体制，政策制定部门与执行部门的分离得以启动。

---

① 这五大科技计划分别为：国家自然科学基金、国家科技重大专项、国家重点研发计划、技术创新引导专项（基金）、基地和人才专项。

（三）发挥地方和基层积极性，实行自下而上的改革探索

我国科技体制改革40年的历程表明，自下而上的改革试点是突破关键性体制障碍的重要手段。一是以高新区为载体实施管委会制度，营造良好的创新创业小环境。高新区是我国在若干创新条件较好的区域促进科技成果转化的重要组织创新。高新区模式的贡献不仅在于孵化和集聚创新创业企业，更重要的是在行政管理体制改革推进难的背景下，探索创立了相对精简高效的"管委会"制度①，为小区域内的创新创业活动营造较好的营商环境和创新环境。实践表明，管委会制度对促进高新区和高新技术产业的快速发展发挥了重要作用。二是对一些争议较大或短期难以实施的改革或政策，首先在高新区等少数地区实施，取得经验后再向全国推广。例如，在中关村国家自主创新示范区实施科研人员股权激励和科研经费改革试点等政策。近年来，一些改革拓展到高新区以外开展试点，如在省、市范围内开展"全面创新改革试验区"②等。

（四）科技政策和创新政策从定向转向普惠

随着我国经济的发展和科技水平提升，政府支持研发和创新活动的思路和方式也在不断转变。从单一的以支持研发活动为主的科技政策，向以更加综合的覆盖创新活动全链条的创新政策转变；从对特定环节和产业的

---

① 国家级高新区不属于严格意义上的行政区域，不设立政府，只设立上一级政府的派出机构（管委会）。管委会的主要领导一般由派出机构的主要领导兼任。国家高新区的管理体制呈现多样化特征，根据授权方式不同，可分为没有行政授权、部分行政授权、完全行政授权、政区合一等管理模式。不同管理模式下，管委会的职责也有所不同。截至2018年5月底，我国国家高新区已达168家，依托国家高新区建设的国家自主创新示范区达19家。

② 2015年5月5日，中共中央总书记习近平主持召开中央全面深化改革领导小组第十二次会议，会议审议通过了《关于在部分区域系统推进全面创新改革试验的总体方案》（中国政府网2015年5月5日）。9月7日，《关于在部分区域系统推进全面创新改革试验的总体方案》正式公布，京津冀、上海、广东、安徽、四川、武汉、西安、沈阳等8个区域被确定为全面创新改革试验区。

支持转向鼓励各类企业和产业开展创新活动；政策工具更加丰富，从更多使用直接财政资助转向更多利用研发加计扣除等普惠性税收政策；创新政策从注重供给侧向供给与需求兼顾转变，早期的科技政策主要着力于支持各类创新主体加大研发投入，10多年来，促进新技术和新产品应用的需求导向政策增多。

三、下一步科技体制改革的重点

历经40年改革与发展，我国基础研究薄弱、核心和关键技术缺失、企业创新动力不足和创新能力不强、政府对科技资源配置干预过多、科研管理方式与科技和创新规律不适应等问题仍然比较突出。除了发展阶段原因外，很大程度上是由于制约创新的体制机制障碍仍未消除，一些符合创新规律的基础性制度尚未建立。同时，从追赶到处于前沿，政府科技管理职能需要进一步转变。新一轮科技体制改革应继续围绕激发各类创新主体的积极性和创造性，深化国家科技计划和科研经费管理改革，破除束缚创新和成果转化的制度障碍，释放科技创新潜能，打造创新驱动发展新引擎。

（一）转变政府职能，促进创新政策转型

要树立政府支持R&D是为全社会提供公共品的理念，正确处理好政府与市场在科技与创新中的关系，防止片面追求科技投入的经济绩效。一是深化国家科技计划和资金管理改革，建立技术创新市场导向机制。加强国家科技计划的统筹优化，打破行政主导和部门分割，进一步推动科研资金管理科学化。二是转变政府支持重心和方式。围绕提高原始创新能力，进一步提高基础研究在政府研究开发经费中的比重，加强对制约产业发展

瓶颈的关键共性技术的研究。以市场应用为目的研发，技术路线和研究方向主要由市场决定。三是提高普惠性财税政策支持力度，更强调政策的公平性和普惠性。

（二）深化科研机构法人制度改革

法人制度是决定高校和科研机构治理机制、薪酬制度、经费管理制度、人事制度、与政府关系等机制的制度基础，是对一系列管理制度和激励机制的规定。有什么样的法人制度，就有什么样的管理制度和激励机制。我国科研机构实行事业单位法人制度，虽先后经历了所长负责制、承包责任制、鼓励科研人员下海兼职、院所办企业、分类改革和并入企业、院所大转制、扩大自主权等阶段性改革，但符合科研活动规律的法人制度及其治理机制仍未建立。根本原因在于事业单位法人制度改革不到位，临时性和非制度化的政策措施受到法人制度的束缚，难以突破。同样，科研人员激励制度不健全归根结底是科研机构法人制度和治理结构不适应。应借鉴发达国家从法人制度层面解决公立科研机构激励问题的经验，建立有利于科研机构发展的现代法人制度。

（三）进一步优化创新环境，提升企业创新动力和能力

实现创新驱动发展的关键是通过促进公平和充分竞争，保护知识产权，消除"创新抑制"，增加"创新激励"。改革开放初期，政府要求企业加强技术改造和研发投入，但企业始终缺乏积极性。随着经济发展和市场机制的完善，各类所有制企业的研发和创新的主动性明显提高。可见，完善市场机制和创新环境，解决好创新主体的激励机制问题，是决定科技体制改革成效的一个重要前提。一是营造公平竞争的市场环境，构建鼓励创新的监管新体制。深化"放管服"改革，打破行政垄断，营造各种所有制

企业公平获得创新资源、参与市场竞争的机会。对新商业模式、新业态、新产品实行宽容、审慎监管，更加注重安全、环境、消费者权益保护，强化质量、节能、环境、安全等市场准入和退出标准，形成技术标准与政府监管相结合的创新倒逼机制。二是加强知识产权保护。落实惩罚性赔偿制度，加快知识产权法官队伍培养，扩大行政执法队伍规模，加强政府采购和招投标领域的知识产权保护。三是加快发展多层次资本市场，拓宽企业直接融资渠道。完善区域性股权交易市场和新三板交易制度，形成全国性市场与区域性市场有机联系的多层次资本市场体系。

（四）建设高效、开放的国家创新体系

一是建立新型科研组织体系。扩大高校和科研院所的自主权，建立健全高校和科研机构治理机制。发展协同创新网络，建立对产学研合作组织予以稳定和竞争性支持相结合的资助机制。二是发展技术市场，健全技术转移机制。推进科研成果国有资产管理制度改革，化解现行国有资产管理办法和财务制度对成果转化的约束。鼓励发展专业化、市场化的技术转移机构。促进产学研之间人才流动，消除人才在企业和事业单位之间流动的障碍，包括社会保障的转移接续，以及职务职称和工资待遇等。三是提高国家创新体系开放度，深度融入全球创新网络。提高国家科技计划、创新政策和产业政策对外开放水平，给予内外资企业公平竞争的政策环境，促进跨国公司和跨国研发机构更深地融入国家创新体系。积极参与知识产权、技术转移和国际标准等重大国际规则制定，增强国内创新政策与国际规则的协调性。

马名杰　张　鑫

参考文献

[1] 科技部. 新中国60年重大科技成就巡礼. 北京：人民出版社，2009.

[2] 廖添土，戴天放. 建国60年来中国科技体制改革的历史演变与启示. 江西农业学报，2009（9）.

[3] 刘瑞. 中国经济发展战略与规划的演变和创新. 北京：中国人民大学出版社，2016.

[4] 马名杰. 从科研机构改革到研发组织体系重构. 国务院发展研究中心《调查研究报告专刊》，第115号（总891号）.

[5] 申长雨. 一项兴国利民的国家战略——纪念《国家知识产权战略纲要》颁布实施十周年. 国家知识产权局网站，2018-06-06，http://www.sipo.gov.cn/zscqgz/1124966.htm.

[6] 万钢等. 国家科学技术条件发展60年（1949—2009）.北京：科学技术文献出版社，2009.

[7] 万钢等. 中国科技发展60年. 北京：科学技术文献出版社，2009.

[8] 吴敬琏. 中国增长模式抉择. 上海：上海远东出版社，2006.

[9] 吴敬琏. 当代中国经济改革教程. 上海：上海远东出版社，2010.

[10] 中国经济体制改革研究会编写组. 中国改革开放大事记（1978—2008）. 北京：中国财政经济出版社，2008.

[11] 周立群. 中国经济改革30年（民营经济卷）. 重庆：重庆大学出版社，2008.

国立科研机构自主权的国际比较与启示 *

国立科研机构 ① 是由国家建立并资助的各类科研机构，在国家创新体系中处于重要位置。近年来，党中央、国务院先后出台一系列政策文件，在赋予科研机构技术路线决策权、项目过程管理权、经费预算调剂权等方面取得较好成效。相比于发达国家，我国科研机构自主权改革还有待进一步深化，尤其是缺乏从法人治理结构层面统筹考虑自主权的配置。借鉴国外在科研组织管理等方面的有益经验，探索适合我国国情的科研机构法人治理模式，是当前事业单位体制下科研机构自主权改革的一项重大任务。

一、国外国立科研机构的法人治理类型与自主权特点

发达国家国立科研机构在运行中必须严格按照相应的法律规定开展科研活动。目前，依据不同的国情和体制要求，主要有三类法人管理制度：一是以美国为代表的政府部门管理科研机构，在遵循"政府机构与雇员法" ② 的基础上通过专项法或合同约定形式管理；二是以日本为代表的特殊法人

---

* 本文成稿于2019年9月。

① 本文针对从事自然科学和工程研究的科研机构。

② 美国联邦法典第5卷"政府机构与雇员法"详细规定了政府机构的组织结构、权利与义务、运作、作为、雇员的雇用与管理等，该法为政府机构的通法。在此基础上，每个联邦机构及其下属机构在成立时都必须经过法律程序形成专项法。这里主要指在国有国营GOGO模式管理下的国立科研机构。

科研机构，按照"独立行政法人通则法"及有关规定进行管理；三是以德国为代表的非营利科研机构，根据财团法人制度制定机构章程实行自治管理。

（一）政府部门所有科研机构自主权

美国联邦科研机构包括联邦内部实验室（如 NIH 和 NIST 实验室）和各类联邦资助的研究与开发中心（FFRDCs）。国家实验室是美国联邦科研机构体系的重要组成部分，主要隶属于能源部、国防部和国家航空航天局。目前，美国的国立科研机构主要管理方式有：（1）国有国营（GOGO），即政府所有且负责运营的管理模式，比如国立卫生研究院（NIH）及其下属研究所、国家标准与技术研究院（NIST）、国防部拥有和运行的国家实验室；（2）国有民营（GOCO），即政府所有但委托其他机构运营的管理模式，比如能源部（USDE）下属的国家实验室[①]。相比 GOGO 管理模式而言，GOCO 管理模式下的科研机构在业务经营、人事管理、领导决策等方面拥有较大自主权，主要依据委托方的合同约定开展各项工作。政府不干预科研机构的日常事务，而是通过绩效合同组织专家进行定期评估。

（二）特殊法人科研机构自主权

日本国立科研机构主要隶属文部科学省、厚生劳动省、经济产业省等政府部门，其职能和运营方式由法律、政令规范确定。自 1999 年开始，日本将国立科研机构陆续改组为独立行政法人，大致经历了以下三个阶段：（1）通过独立行政法人改革，逐步转变为相对独立运作的"独立行政

---

① 能源部下属共有17个国家实验室，除能源技术国家实验室为GOGO管理外，其他16个国家实验室为GOCO管理。

法人"，具有独立于行政管理之外的法人资格。（2）通过国立研究开发法人化，将31个国立研究开发法人从独立行政法人中划分出来，单独制定适合研究开发规律的管理制度。（3）通过设立特定国立研究开发法人，对有望在国际竞争中领先的研究开发法人给予特别地位，目前主要包括理化学研究所、产业技术综合研究所以及物质材料研究机构3个法人。日本实行独立行政法人制度后，法人机构在业务经营、人事管理等方面拥有充分的自主权，但经费自主权和薪酬自主权相对较小。政府不干预具体日常业务活动，对独立行政法人的干预主要是事前介入管制和事后监督，其中，事后监督通常采取双层绩效评价制度，即由总务省和各主管省厅的独立行政法人评价委员会分别进行评价，评价标准由注重"效率"向注重"成果"转变。

（三）非营利科研机构自主权

德国国立科研机构包括马普学会（MPG）、弗劳恩霍夫协会（FHG）、亥姆霍兹联合会（HFG）和莱布尼茨联合会（LBG）等，它们是按私法成立的注册社团，依据章程实行自治管理，具有明确的职责分工和定位，形成一个完整的国家国立科研机构体系。此外，还有联邦政府和州政府部门直属的科研机构，它们是按公法成立的科研机构。总体来看，以私法法人为特征的国立科研机构在人事、财务、管理等方面拥有较大自主权，但薪酬自主权相对较小，这是因为长期聘用人员统一纳入国家公务员管理体系。政府对科研机构的评估每5年进行一次，由教育研究部委托德国科学委员会具体执行。同时，科研机构也开展内部评估，主要采取同行评议对科学家个人、项目和研究单元进行评估。

二、不同法人治理下国立科研机构的自主权比较

国立科研机构类型虽有不同，治理模式也有差异，但从职权范围和具体事务看，科研机构自主权大致包括人事自主权、经费自主权、薪酬自主权、管理自主权四个方面，即通常所讲的人、财、物。为了更加清晰地区分经费的使用途径及管理方式，本文单独将其分成科研经费和人头费两部分。对于国立科研机构而言，人事自主权是指在各类人员招聘、晋升、退出等环节自主管理和决策的权力；经费自主权是指在各类经费预算、分配、使用等环节自主管理和决策的权力；薪酬自主权是指对各类人员工资标准、薪酬结构和其他福利待遇等方面具有自主决策的权力；管理自主权是指对机构领导产生、内设机构变动、岗位职责设置、研究方向调整等方面具有自主决策的权力。

（一）人事自主权

从国际经验看，人事聘用呈现多样化趋势，在原有公务员体制基础上更加注重科研人员管理灵活性，形成了国立科研机构特有的人事制度。目前，国立科研机构享受终身职位的研究人员数量较少。比如，美国 NIH 成为终身科研人员的占比仅为 5%，日本理化学研究所只对各研究室负责人实行终身雇佣制（常勤职员），德国非营利科研机构主席、大部分中层领导、项目组长和部分科研人员属于长期聘用人员。相比之下，大多数国家的一般科研人员（主要是青年科研人员）采取限期聘用制度。主要包括两类：一是任职年限制[①]，主要以 NIH 为代表的按 GOGO 方式管理的部分科研人员；二是合同聘用制[②]，主要以美国能源部按 GOCO 方式管理的国家实

---

① 任职年限制人员在编制方面控制相对严格，需要经过若干年的任职年限序列期，任职年限序列期结束后，如果尚未获得终身职位将被机构解雇。

② 合同聘用制人员没有严格的编制概念，主要依据受托方的合同约定进行，受托单位围绕具体科研项目与雇员签订合同，聘期结束后根据评估结果决定是否继续签订合约。

验室科研人员、日本理化学研究所科研人员等为代表。这两类科研人员职数和晋升方式由科研机构自主决定，其自身流动性较强，不特别强调人员编制（职数）。此外，还有个别采取公务员管理的国立科研机构，主要包括：除 NIH 和 NIST 以外的 GOGO 模式下的美国国家实验室科研人员、长期聘用管理的德国国立科研机构人员（教授 / 研究员）以及由政府直接管理的科研机构人员等。

（二）经费自主权

从国际经验看，科研机构稳定性支持与项目竞争性支持是经费配置的主要渠道。通常而言，政府对国立科研机构的经费配置方式以稳定性支持为主，竞争性经费的比例相对较低①。不同的法人治理模式，稳定支持与项目竞争性支持的比例有所不同。在经费分配上，美国联邦政府通常采取"出资 + 资助"的管理方式对国立科研机构资源进行配置。比如，NIH 院外项目通过同行评议的竞争性资助方式实现，院内项目通过确定研究方向和首席研究员实现，各自分配比例根据院内各研究所的性质和综合评议结果而定。能源部所属国家实验室科研经费以项目配置为主，它们根据机构使命提出若干研究课题后提交能源部相关计划办公室，能源部对项目的新增、调整或淘汰进行审批，再将所有项目打包向总统和国会申请预算经费。此外，还可以申请并承担来自联邦机构、州政府的竞争性项目或产业界委托项目获得额外经费。日本独立行政法人的经费主要来源于政府，通过运营费补助金、设施装备费补助金等方式拨付，每年平均有 70% 经费来自政府财政预算拨款，对横向研究领域的重点研究机构实行充分投入和重点支持。在经费使用上，部分科研机构通过改革和有关法律规定具有一定

---

① 尽管近年来发达国家国立科研机构的竞争性经费比例有所上升，以适度刺激研究竞争，但大多在30%以下。

自主权，比如，预算经费可以跨年度（周期）使用、流动经费允许项目间自由调剂、不特别规定每笔资金的具体细化用途。此外，大部分机构允许承接外部委托课题获取横向经费支持。

（三）薪酬自主权

从国际经验看，不同身份科研人员的薪酬水平有所差异，但不同国立科研机构相当水平人才的薪酬水平大致相同，主要有以下三类薪酬模式。一是参照公务员工资的科研人员。比如，GOGO模式下美国国家实验室的科研人员，大部分科研机构采用传统公务员制，薪酬总额、绩效奖励分配自主权很小，如果要突破需经国家人事管理部门批准。相比之下，NIH对此进行了适当改革，采取以联邦公务员薪酬体系为主，辅之以绩效薪酬，绩效奖金一般不超过基础年薪的10%，具有一定的薪酬自主权。长期聘用管理的德国国立科研机构人员，薪酬水平主要依据相同级别的公务员薪酬，实行固定工资制度，绩效工资比重很小，科研人员收入不与承担的项目大小、经费多少挂钩。二是比照公务员工资的科研人员。比如，美国NIST在传统公务员的总薪级表薪资等级制上进行了改进。日本特殊法人管理的主任研究员（常勤职员）薪酬标准比照国家公务员工资标准，同时也有固定奖金和绩效奖金，但薪酬分配方案需在各省评价委员会备案，具有有限的自主权。三是实行合同聘用管理的科研人员。比如，美国GOCO模式管理的科研人员、日本特殊法人管理的常勤职员之外的科研人员、德国限期聘用的非营利性科研机构人员，其工资薪酬依据合同或劳资协议约定，科研机构自身有较大自主权，可在协商基础上决定绩效工资比重，但其分配方案在一些国立科研机构也需征得上级主管部门同意，或接受出资方等相关部门监督。

（四）管理自主权

从国际经验看，国立科研机构主要负责人（理事长、院长、学会主席、研究室主任等）的产生方式各有不同。比如，日本特殊独立法人机构、美国GOGO模式下科研机构主要负责人由政府或主管部门提名任命。美国GOCO模式下科研机构主要负责人由运营方和政府主管部门共同提名再授权运营方任命。德国非营利科研机构主要负责人（学会主席）由全体会员大会选举产生。无论哪种产生方式，都赋予主要负责人最大限度的自主权，全权负责科研机构的内部事务管理。这在各自组织机构法和组织章程中都有明确规定。通常而言，内设机构变动、岗位职责设置、研究方向调整等大多数由科研机构通过一定法律程序自行决定。其一，可以由理事长、学会主席直接决定。比如，日本的产业技术综合研究所实行理事会决策、监事会监督、院所负责日常管理的领导体制。研究所内设研究单位设置可依据研究战略报理事长批准后自行调整，包括研究单位的终止、合并或新建。其二，需要经过理事会或全体会员大会讨论决定。比如，美国GOCO模式下的国家实验室实行理事会领导下的院所长（主任）负责制，包括组织机构调整在内的管理最终决定权在理事会，但实验室日常管理实行课题组长负责制。其三，极少数事项需报上级主管部门批准。比如，美国GOGO模式下的NIH虽然实行院长负责制，但对下设研究中心的调整仅有提议权，其设立与关闭一般需经过外部评估、专家建议、院长提议和国会决策等过程方可实施。

三、发达国家国立科研机构运作对我国的启示

在大多数发达国家，国立科研机构的地位和自主权都有专门法律予以

保障。无论采取哪种法人治理方式，都需要通过特定法律程序，明确机构地位、职能、性质以及与政府部门的关系等。政府既不能完全放任不管，也不能按照行政机构方式管理。应借鉴发达国家国立科研机构的运作机制，寻找既适合我国国情又符合科研机构共性特点的自主权。

第一，以立法形式明确机构定位与使命。国立科研机构主要服务国家战略、体现国家意志，在事关国家战略全局的经济发展、国家安全和公众健康等方面研究工作中发挥了不可替代的作用。因此，必须以特殊立法的形式予以明确其战略定位和机构使命，使国立科研机构能够更好承担国家目标导向的重要基础研究、社会公益性研究和关键共性技术的研发任务。比如，美国能源部国家实验室不仅致力于国际能源相关科学前沿联合研究，推动全球能源及其相关领域基础研究与技术进步，还承担着保护国家环境安全、应对全球气候变化等重大使命。日本理化学研究所（RIKEN）的使命是支持开展卓越的科技研究，为日本的科技和经济发展以及提升人民生活质量作出积极贡献。

第二，有重点推进科研机构自主权改革。国立科研机构自主权改革不是某个领域的补充修正，其内在具有一定的关联性。比如，人事自主权决定部分薪酬自主权，不同的科研人员聘用方式实行相应的薪酬待遇。薪酬自主权在一定程度上受经费自主权影响，经费预算内部结构会影响薪酬总额。管理自主权决定部分薪酬和经费自主权，一些科研机构主要负责人决定着经费分配与使用、科研人员招聘职数。总体来看，除主要负责人的产生大多数需要上级任命外，人事、管理自主权幅度相对较大，薪酬、经费部分自主权幅度相对较小（见图1）。因此，在现有事业单位体制下，应重点推进人事、管理方面自主权改革，允许采用限期聘用管理方式吸引年轻科研人员，同时在薪酬总额和薪酬结构上适当突破。

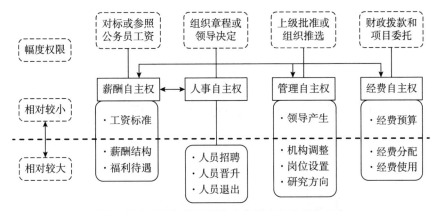

图1 国立科研机构不同自主权的内在关系和特点

第三，进一步完善绩效评估与管理制度。政府一般不参与国立科研机构的日常事务管理，主要通过事前规划和事后评估加强对科研机构的绩效评估，依据对国立科研机构的评价结果，有效提高政府研发资金的使用效率，促进现代科研院所的建设与发展。从国际经验看，各国政府加强对项目的绩效评估，评估更加侧重研究成果及价值，进一步延长科研绩效评估周期（3~5年），大多采取机构自评估、同行评议与政府评估相结合的方式。科研机构对照战略规划目标，每年对自身发展状况进行规范的自评价，形成自我评估报告报送政府监管部门。政府评估委托专业的评价委员会组织实施，按照不同的管理模式、发展目标、评价周期进行，尽量减少行政化干预，给科研机构创造安静的研究氛围。比如，美国国家实验室在自评和同行评议基础上，承包商还要委托咨询公司进行经济绩效评估，包括投入与支持情况、研究开发成果、开展的科学教育情况以及对当地经济的贡献等。

龙海波

我国产学研合作面临的差距、问题与对策 *

  产学研合作一般指知识或技术跨部门流动、共享，不同主体协作配合，以促进知识资本形成和创新系统效率提升。国际上讨论的大学与产业合作、知识转移、学术创业等均与之相关。对我国而言，建设以企业为主体、市场为导向、产学研深度融合的技术创新体系已成为发展共识，也是新形势下深化科技体制改革、实施创新驱动发展的重要内容。准确认识当前我国产学研合作的国际差距和主要问题，对进一步健全产学研协同创新机制具有一定参考价值。

一、从国际比较看当前我国产学研合作的主要差距

  准确衡量一个国家或地区的产学研合作水平十分复杂，国际上的常用方法是开展专项调查，或选取重要指标进行分析。一些典型指标包括：一国研发经费执行结构、校企合作专利或论文、学术创业或衍生企业、人员流动（包括学生就业）以及企业创新合作等[1]。目前，国内对产学研合作总体水平的量化分析较少，尤其是采取国际可比指标的研究鲜见。本文综合了国内外公开数据，从综合排名、研发投入结构、合作专利、学术创

---

 * 本文成稿于2020年9月。
 ① 参考：OECD, University–industry collaboration: new evidence and policy options, 2019。

业、企业创新合作等多个方面开展国际比较，形成对我国当前产学研合作水平的整体认识。

（一）我国产学研合作综合表现与主要发达国家水平仍有较大差距

世界知识产权组织（WIPO）每年发布的"全球创新指数"中有专门针对产学研合作水平的调查结果[①]。数据显示，我国在全球多个国家或地区中一直徘徊在第 30 名前后，长期落后于美国、德国、日本、以色列等创新领先国家。我们进一步分析历史数据发现，主要国家的产学研合作得分与其综合表现总体呈现较显著的正相关关系。可见，近年来我国在产学研合作水平上停滞不前，已成为制约我国综合创新表现提升的关键短板，需引起高度关注。

（二）我国高校研发投入水平偏低，不利于高校和产业互补合作

不少研究表明，伴随知识经济深入发展，高校在一国研发体系中的地位越高，该国在知识转移、科技商业化及衍生创业（Spin-Offs）等活动上越活跃[②]。为此，我们专门比较了全球 37 个主要国家或地区 2018 年"商业部门的研发投入占比"与"高校执行的研发投入占比"两项指标（见图 1）。

[①] 开展跨国产学研合作专项调查成本较高，WIPO的调查评价是目前国际上仅有的相关研究结果之一。

[②] 参考：D. Foray & F. Lissoni, University Research and Public-private partnership, Chapter 6 in "Handbook of the Economics of Innovation", edited by Bronwyn H. Hall and Nathan Rosenberg, Elsevier B.V., 2010。

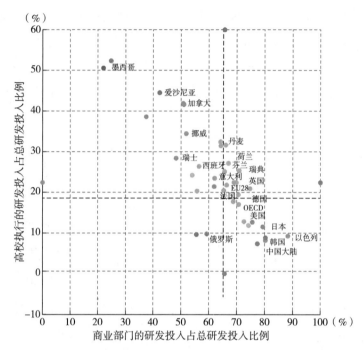

图1　主要国家或地区的研发经费投入部门比较（2018年）

资料来源：OECD MSTI数据库，笔者计算。

分析显示，尽管我国商业部门研发投入水平较高，但高校的研发投入水平显著落后于大多数发达国家。例如，2018 年我国该比例为 7.5%，而 OECD 国家均值约为 17%。实际上，我国高校研发投入强度偏低的问题长期存在。2009—2018 年，我国高校研发投入占 GDP 比重均值仅 0.15%，远低于 OECD 国家 0.42% 的平均水平。由于高校研发活动以基础研究和人才培养为主，长期投入强度不足限制了原始创新供给，造成创新体系过于倚重企业研发，不利于高校与产业部门形成互补合作的良性循环。

（三）我国高校、科研机构与企业间的合作专利申请快速增长，但强度不高

大学、研究机构和企业联合申请专利是实现知识转移和合作创新的重要渠道。产学研合作专利的数量变化及其在一国产学研部门专利总量中的

地位变化，能在一定程度上反映出产学研合作活动的绩效。依据 OECD 分析的欧盟专利局数据和我国学者的中国知识产权数据①，我们发现：近 20 年来，尽管我国产学研合作专利规模上已超过欧盟，但合作专利的强度明显落后。例如，2014 年我国产学研合作专利达 5500 件，欧盟仅 948 件；但占高校专利总量比重不足 5%（2015 年），远低于欧盟近 43% 的水平。

（四）我国学术创业水平总体落后于主要发达国家，学生创业表现尤为落后

学术创业（Academic Start-ups）②是发达国家中高校、研究机构与产业界之间以人员流动方式实现知识转移的重要渠道，也是国际上常用来分析一国创新型创业（Innovative Entrepreneurship）活力的重要指标。OECD（2019）分析了 2001—2016 年全球 20 个主要国家超过 4 万个学术创业项目③的数据发现：各国学术创业数量占各自创业企业总量的比重平均为 14% ~ 15%，其中瑞士、德国、以色列等领先国家均高于 20%；相比之下，中国仅约 8%。依据学术创业类型看，我国学生创业水平明显偏低（不足 2%），学者创业水平也不算高（不足 4%）。

（五）我国企业创新活动中的产学研合作强度不高，与国际领先水平仍有差距

产学研合作也是企业开展创新合作的重要形式之一。从一般性的创新

---

① 参考：朱桂龙、杨东鹏："基于专利数据的产学研合作及政策演变研究"，《科技管理研究》2017年第23期，第181 ~ 185页。说明：该研究以国家知识产权局专利数据库提供的申请的发明授权专利数据为样本，数据检索类型为已授权的发明专利。

② 学术创业一般包括研究人员创业和学生创业。OECD的调查按照企业创始人类型，将所有学术创业项目划分为三类：一是以大学毕业生身份在毕业后4年内参与创办一家新企业；二是以博士生身份在进入博士项目后7年内参与创办一家新企业；三是以大学教师或研究人员身份在完成研究项目3年内参与创办一家新企业。因此，第一项可视为"学生创业"，后两项可作为"学者创业"。

③ 纳入统计的学术创业项目均满足一个前提条件，即获得至少一笔风险投资。涉及国家包括OECD主要成员国和金砖四国。

合作看，我国的表现与主要发达经济体基本相当。2014—2016 年，欧盟
15 国开展创新合作的企业数量占比约 14.3%；2018 年，我国企业创新合作
占比为 18.8%。但是，专门就产学研合作而言，无论大企业还是中小企业，
我国的表现均与领先国家有明显差距。我们比较了 2017 年 OECD 发布的
多国数据[①] 和 2018 年我国企业创新调查数据[②]（见图 2 ），结果发现：我国
大企业产学研合作强度（38.2%）低于德国等国家，中小企业也较为落后
（仅 16.5%）。

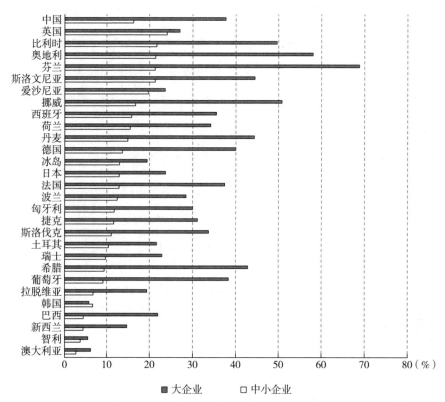

图2 中国与主要国家不同类型企业的产学研合作强度比较

注："产学研合作强度"指标对应一国开展产学研合作的企业占有创新活动的企业总量的比值。

资料来源：OECD、国家统计局、笔者计算。

---

① 资料来自OECD Science, Technology and Industry Scoreboard（2017）。

② 数据来自国家统计局2019年开展的全国企业创新调查，调查报告期为2018年度，调查样
本量共计75.5万家。其中，规模以上企业中共计约27.1万家企业有创新合作活动，包括1.5万家大
型企业、6.4万家中型企业和19.2万家小型企业。

二、制约产学研深度融合的主要问题及深层次原因

（一）高校、科研院所和企业之间功能存在割裂，竞争关系替代互补关系

近年来，我国高校、科研院所与企业之间的功能互补关系趋于弱化，相互分离或相互竞争的关系反而有所加剧。一方面，科研部门与产业部门"各成体系"的格局凸显。有研究表明，近 40 年来，我国高校和科研院所在主要高技术领域申请专利所针对的竞争性对手仅 10%～20% 来自企业，却有 60%～85% 来自高校或研究机构；相比之下，美国这两个指标分别为 40%～60% 和 15%～30%[①]。这在一定程度上表明，我国高校或科研院所的专利行为更类似于科研部门的"内部竞赛"，对产业实践关注不足。

另一方面，部分高校、科研院所与企业还存在创新导向上的"竞争冲突"。一些地方过度强调科技成果产业化，导致不少高校更多的是通过自建渠道直接进行科研成果转化（如组建一批股份制公司，科研人员直接入股，参与利益分配），即"内部产业化"趋势加剧。近两年的全国技术市场交易数据就显示，高校和科研院所的成果数量年增长超过 20%。此外，一些以应用技术研究为主的科研院所在转制后，不仅致使不少行业的共性技术研发平台缺位，也抑制了在应用研究方面的产学研协同创新机会。

（二）对产业需求关注不够、激励不相容、管理不规范等问题导致产学研合作脱节

产学研合作脱节现象仍未从根本上扭转。例如，一些科技计划项目

[①] 参考：姜子莹、封凯栋："论我国产学研结构性问题的成因、影响及其解决方案"，《中国科技论坛》2020年第7期。

往往会要求产学研合作申请，但很容易引发产业部门和科研部门"貌合神离"的问题。即：企业和高校、科研院所仅仅是为了争取有限的科研经费凑到一起，拿到项目后的参与单位各干各的，经费一分了之，实质性的合作创新较少。引发这类问题的原因是多方面的。

首先，很多科技计划项目未能反映产业实际需求，对成果应用情况考核不足。目前多数科技项目从立项到结项，主要依靠政府选定的专家或机构来提供评审意见，对产业实际（特别是了解企业研发一线需求情况）关注不够[1]，且中小企业的参与难度较大。同时，项目评价更关注经费使用行为（如预算执行情况、支出范围等），对是否解决关键技术难题或实现技术突破的考核往往缺乏市场经验。

其次，一些针对高校和科研院所的运行管理、质量评价机制对其参与产学研合作激励不足。目前，高校、科研院所的研究经费主要来自政府（如高校 R&D 经费多年来超过 60% 大多来自政府资金），绝大多数科研项目主要接受主管部门评审。这往往使高校科研院所对产学研合作项目重视不足，一些设立在高校科研院所的国家工程（技术）研究中心也未能发挥预期作用。

再次，科研人员分类评价、人才跨部门流动方面的改革进展缓慢。一方面，对多数"985""211"重点高校而言，科研人员仍以发表论文、评职称为首要目标，承担企业课题或参与成果转化仍被视为"副业"。另一方面，受制于科研评价、社保、岗位设置不衔接，近年来在科研人员离岗创业、促进科研人员在事业单位和企业之间流动，吸引企业人才兼职等方面的改革并未取得预期成效。

最后，产学研合作中涉及知识产权权属、信息泄露以及利益分配等方

---

① 调研中有企业家反映，"一些所谓产业化导向的科技项目，最后的研究成果只是写在实验室和论文里"。

面的争议加剧。近年来，涉及产学研合作的知识产权纠纷案件增多，主要围绕专利申请权权属争议、技术开发合同、知识产权泄密、竞业禁止纠纷等。其中，权属争议主要表现为发明人或设计人的署名权争议，以及针对科研中产生的"未预期成果"[①]权属纠纷等；知识产权泄密主要源自同行交流、违规申报科技成果或科研人员跳槽等。这些问题的根源仍是高校科研院所的知识产权管理水平不高，未与企业形成利益共享、风险共担的良性机制。

（三）合作形式单一、分散，企业参与的积极性不足

受制于相对单一的合作方式，产学研长期稳定合作的水平不高。目前，企业直接委托高校教师或科研院所研究人员进行"一对一"的项目合作，仍是产学研合作的普遍方式。《全国企业创新调查年鉴2019》[②] 显示，我国开展产学研合作的规上工业企业中，以"共同完成科研项目"为主要合作形式的企业占比高达66.6%；而"在企业建立研发机构""在高校或研究机构中设立联合研究机构"占比分别仅为26%、9.5%。较合作设立研发机构而言，尽管项目合作的周期短、投入成本低、实用性强，但后者易陷入碎片化、机制性不强，且容易产生低水平、重复性研究，难以产生重大创新成果。

信息交流渠道有待进一步疏通，企业（特别是小企业）参与产学研合作的积极性不够。企业创新调查显示，2018年在开展技术创新活动的16.1万家规上工业企业中，反映来自高校和研究机构的信息对企业创新影响较大的比重仅分别为7.7%、10.3%，远低于来自客户（45.5%）、竞争对手或同行（22.3%）的信息。同时，由于我国高校科研院所的研发投入占比偏低，尤其是基础研究投入不足、技术供给质量不高，进一步降低了企业参

---

① 所谓"未预期成果"，一般是指在产学研合作中那些合同约定之外产生、潜在价值较大的新发明、新技术。

② 数据均来自国家统计局2019年12月发布的《全国企业创新调查年鉴2019》。

与产学研合作的广度和深度。调查也显示，2018 年全国开展产学研合作的规上工业企业仅 4.1 万家，占比仅 10.9%，即有近九成的工业企业未开展任何形式的产学研合作。特别对于产学研合作效益显著的小型企业而言，该比重仅 9.8%；明显低于大型企业 40.4% 和中型企业 20.2% 的水平。

（四）促进知识转移转化的中介服务体系不发达，配套的制度安排不完善

多数企业的技术需求不断上升，但有效连接企业需求和科研部门技术供给的信息中介较少。即便在一些东部发达地区，不少企业仍然是通过"点对点"方式与高校或科研院所开展技术合作，缺乏必要的信息对接平台和常态化服务组织。这进一步加剧了科技成果产出和技术需求之间"连不上""接不住"的问题。尽管一些地方近年来通过发展新型研发机构推动产业技术研发服务，但服务范围十分有限，对大多数中小企业的服务效果并不好。

已有机构的专业化服务水平不高，职业化人才少。科技部针对 3200 家高校科研院所的调查显示：目前仅 687 家单位（占 21.5%）设立了技术转移机构，其中仅 306 家单位（占 9.6%）认为该机构在成果转化中发挥了重要作用[①]。同时，这些机构主要以合同备案、登记、材料受理及专利申请咨询服务为主，在技术价值评估、商业谈判、资本运作、资源整合及经营管理等方面的服务能力缺乏。另外，技术经纪人的市场化选拔、培训、考核激励等一系列配套机制仍不健全，进入门槛低、高素质人员少等问题长期未能解决。

中试熟化、风险投资等必要环节的机制化建设未跟上。不少地方的高校科研院所代表反映，多数科技项目成果需要投入大量资金进行二次开发，而企业在不确定技术潜在价值的时候往往不愿意承担此类风险，中小

---

① 参考：国家科技评估中心：《中国科技成果转化年度报告2019》（高等院校与科研院所篇），科学技术文献出版社2020年版。

企业更没有能力进行二次开发和转化。对此，除了少数高校科研院所能以自有资金投入建设工程化中心或中试基地，大多数项目缺乏中试熟化平台，面向商业化的小试和中试投入严重不足，亟须风险投资等社会资本介入来解决成果转化的融资难问题。

技术要素市场的发展尚不完善。尽管近年来技术市场的交易规模稳步上升，但总量扩张并未实现发展质量的跃升。在缺乏顶层设计的情况下，不同地区交易市场的功能同质化严重，市场决定、"自我造血"的交易机制尚不完善，过度依赖地方政府支持，与资本市场、人才市场的融合也不够，交易工具创新、专业化服务网络等都存在短板。

（五）相关政策落地效果不佳，存在门槛高问题

近年来，我国支持产学研合作的政策数量不断增加。截至 2019 年年底，仅国家层面涉及产学研合作或产学研协同创新的各类政策文件就达 2000 余件[①]，政策类型多样（包括法律法规、规划、指导意见、通知等），科技、教育、发改、财政等多个部门参与，涉及内容包括经费管理、专项（如技术创新工程）、科技计划、人才、基地（如协同创新中心）、税收优惠（如技术开发或转让减免税）等。但总体而言，原则性表态或散见于其他政策的情况偏多，专项政策相对少。特别是一些政府资助和减免税政策存在受惠面小、门槛高等问题。例如，企业在与科研机构合作中，直接应用科研成果的支出不能纳入现行研发费用加计扣除政策的范围[②]。同样，企业对合作成果（如专利）没有所有权时，投入产学研合作的相关支出也不能抵扣。这些都不利于扩大产学研合作的受惠面。同时，

---

① 数据来自北京大学法律信息网和中央各部委网站上全部政策文本的关键词搜索。

② 依据财税〔2015〕119号文件，企业"对某项科研成果的直接应用，如直接采用公开的新工艺、材料、装置、产品、服务或知识等"相关费用不属于加计扣除的研发活动范围。

现行关于技术转让合同需省级科技主管部门登记的规定增加了企业负担①。由于区域差异大，部分企业（特别是欠发达地区的企业）出于时间和经济成本考虑，往往只能放弃合同登记，因而无法享受相关税收优惠。此外，现行税法中除了符合条件的技术转让所得可享受税收优惠外，合作成果应用、新产品销售利润等均未纳入优惠范围，不利于激发产学研合作研发的积极性。

三、结论与建议

总的来说，从国际比较看，我国在高校研发投入的相对比重、产学研合作专利占比、学术创业表现、企业创新的产学研合作强度等反映产学研合作水平的典型指标方面，与主要发达国家仍存在不同程度的差距。新形势下，要加快实现我国创新能力从追赶向前沿的跃迁，推动形成产学研深度融合的技术创新网络已迫在眉睫。

（一）进一步理顺产学研之间的功能定位

高校、科研院所始终是源头创新的主力军。高校重在基础研究、人才培养和知识转移，科研院所重在关键共性技术研发、承担或组织重大项目攻关。稳步提升高校、科研院所的研发投入强度，加快完善基础研究的投入机制。企业始终是技术创新体系的主体，要推动更多高质量创新资源向企业集聚，发挥好行业龙头和平台型大企业在组织前沿突破、牵引重大需求及营造合作生态方面的积极作用。

---

① 财税〔2010〕111号文件规定，境内技术转让须经省级以上（含省级）科技（商务）部门认定登记，方可享受技术转让所得税优惠。

（二）深化科技管理体制改革，消除阻碍成果转移转化的制度壁垒

持续改进国家科技计划（专项）管理的项目立项、质量评价和经费管理等制度。健全财政资助科研项目的成果公开体系，提供便捷的信息发布、需求对接、技术获取及知识产权管理等服务。规范产学研合作中的知识产权归属、信息数据保密、利益分配等行为，促进产学研专利合作。进一步细化科研人员的分类评价标准，在稳住基础科研队伍的同时，加大对创新创造的股权和分红激励，加快薪酬改革、职称评定及社保关系衔接，鼓励学术创业和人才流动。

（三）增强中小企业参与产学研合作的广度和深度

加大面向中小企业和初创企业的创新券等公共采购类优惠政策力度，加快提升公共科技基础设施和大型科研仪器设备的开放共享程度。在一些重点领域，支持科技企业和高校科研院所合作建立一批面向共性技术的联合研发中心、技术创新联盟、产业研究院，政府部门以"后补助、减免税"等方式给予支持，推动产业链和创新链融合。深入推进产教融合，对企业联合培养研究生和招收博士后，加大专项补助。

（四）建立健全强大高效的中介服务体系，完善技术交易市场体系

鼓励以市场化方式培育创业孵化、中试熟化、成果转化、第三方检验检测认证、知识产权运营等各类专业化服务机构或平台。减少对高校科研院所自身技术转移机构的行政干预，加大对转移机构的分配激励，培育壮大职业化、多层次的技术转移人才队伍。引导天使投资、风险投资、科技

保险、专利证券化等方式参与技术资本化，拓展退出渠道。加快完善全国技术交易网络，强化技术转移服务效能。

（五）加大简政放权力度，降低有利于产学研合作的优惠政策门槛

对由企业承担的科技项目，其经费管理制度应区别于高校和科研院所，要根据企业支出实际，给予企业更大自主权，如允许将研发人员薪酬按照一定比例列入项目经费支出。尽快下放省级科技管理部门技术转让认定权限，扩大符合条件的技术转让范围。尽快研究扩大研发费用加计扣除范围和技术转让所得税减免范围，积极支持企业资助产学研合作、应用合作成果实现创新收益。

熊鸿儒

因势利导，促进企业开展基础研究 *

《国家创新驱动发展战略纲要》（以下简称"战略纲要"）提出，强化原始创新，增强源头供给，加强基础研究前瞻布局，实现关键核心技术安全、自主、可控。随着长期的积累，目前我国部分企业接近行业技术前沿，进入开展基础研究的阶段。《国务院关于全面加强基础科学研究的若干意见》（以下简称"若干意见"）提出要建立基础研究的多元化投入机制，增加企业和社会力量对基础研究的投入。为深入了解企业开展基础研究情况和政策诉求，国务院发展研究中心创新发展研究部与中华人民共和国科技部创新发展司和基础研究司、中国科学技术发展战略研究院组成联合调研组，先后赴北京市、江苏省、广东省，对设有国家重点实验室的企业进行调研。调研以座谈、走访和调查问卷等多种方式，调查了 39 家企业，听取其关于开展基础研究的经验、问题和建议。现将调查了解的基本情况、共性规律和建议汇总如下。

一、企业开展基础研究的基本情况

北京市、江苏省和广东省设有国家实验室的企业数量较多，超过全国的 30%，基础研究投入强度明显高于全国平均水平。根据 24 份走访问

---

* 本文成稿于2019年5月。

卷的统计结果，三地设有国家实验室的企业平均 R&D 强度为 8.55%，远高于全国同类企业 3.70% 的平均水平；基础研究支出占 R&D 支出比例为 12.41%，92% 的企业有独立的基础研究开发队伍。三地被调查企业的基础研究有以下特点。

（一）企业开展基础研究的动力来自发展需要，以应用基础研究为主

被调查企业普遍认为，有必要开展基础研究，企业开展基础研究是企业发展阶段的需要。我国是技术追赶型国家，相当一部分企业经历了模仿制造、引进技术改进创新的过程。目前，有些企业已经进入行业技术前沿，引进技术的难度加大。大部分企业认为在进入行业技术前沿后，需要开展基础研究，解决企业发展的技术瓶颈，或为开发新一代产品提供技术储备。走访问卷的结果表明，100% 的受访企业认为有必要开展基础研究；分别有 67% 和 8% 的企业认为达到国内行业领先水平和国际行业领先水平后应进行基础研究；约占 17% 的企业认为是否开展基础研究与企业发展阶段无关，这类企业大多是技术服务类企业。

调查结果表明，大部分基础研究是以企业需求为导向的应用基础研究，项目主要来源于企业自选项目和国家科技计划项目。根据走访问卷结果，71% 的企业开展基础研究是为解决企业发展的瓶颈问题，研究项目中企业自选项目和来自国家科技计划的比例各占 54%。企业普遍反映，其基础研究与应用研究都是以企业的发展问题为导向，基本不存在"两层皮"问题。通常，企业先验证研究成果是否有应用前景，然后对可产业化的成果进行技术孵化和推广应用，全过程在企业内完成。对不适合企业产业化的成果则进行对外许可等。

（二）企业开展基础研究主要依靠内部研发投入和外部科研力量

调查结果表明，三地实验室企业开展基础研究所依靠的主要科研力量，一是引进国内外高端人才；二是与大学和科研院所合作，大学的支持作用大于科研院所。走访问卷结果显示，选择在基础研究中引进人才和与大学合作的企业均超过62%，54%的企业选择了与科研院所合作，还有13%的企业在国外建立实验室，如华为、华大基因、中石油、国家电网公司、江苏先声药业有限公司等。

在基础研究投入方面，企业主要依靠内部投入。走访问卷结果表明，企业的R&D支出中81%是内部支出，其中基础研究占14%。

（三）企业的科技文化是开展基础研究的重要基础

调查发现，大部分开展基础研究的企业领导都比较重视科研，企业具备科技文化。开展基础研究的企业主要有四类：一是行业排头兵，其技术能力和水平进入同行业国际前列，如华为、中国广核集团、国家电网公司、华大基因等；二是转制科研院所，具有较雄厚的科研基础和资源，如中国建筑材料科学研究院、铁道科学研究院、中国电力科学研究院有限公司、中材科技股份有限公司等；三是行业平台企业，主要为行业开展共性基础研究，为企业遇到的技术问题提供解决方案，如北京冶金自动研究设计院、广州有色金属研究院、北京半导体照明产业技术创新战略联盟、广东省农科院等；四是其他类型企业，包括一些科研人员创办的创新企业，如金发科技股份有限公司、南京南瑞集团公司、常州天合光能有限公司、江苏先声药业有限公司、中星微电子等。被调查企业普遍反映，因基础研究短期内不会产生经济效益，若没有领导重视，企业内部的基础研究项目不可能立项。

（四）企业基础研究以跟踪国外先进同行研究动态为主

企业通常是根据自身发展需要和外部科学技术信息，综合确定基础研究项目。走访问卷结果表明，79%的企业选择跟踪国际先进同行的动态确定研究项目，67%的企业选择与大学和科研院所建立联系，54%的企业选择跟踪前沿科技论文。同时，有79%的企业选择通过内部综合研判提出基础研究项目。由此可见，外部技术发展信息对企业基础研究发挥了重要作用。

（五）开展基础研究需要加强组织与管理

自2006年起，科技部开始分批推进国家重点实验室（企业）计划，依托骨干企业部署建设一批国家重点实验室。企业认为重点实验室计划对其开展基础研究发挥了作用。一是为企业提供了吸引人才和资源的平台，促进了产学研合作。实验室企业要经过评定，符合条件才能纳入计划。这对企业招聘高端人才、开展产学研合作提供了有利条件，有些企业还设立了博士后流动站，许多企业利用这个平台开展产学研合作。二是由于申报和实施国家实验室需要定期评估，促进了企业对基础研究的管理，并形成一些有益经验。例如，大部分企业开展发展战略研究和规划，通过规划确定研究开发方向，超前布局研究项目。走访问卷结果表明，企业基础研究项目的技术预测年限为5～10年的企业占54%，技术预测年限为3～5年的企业约占42%。不同行业的技术预测周期不同，原材料行业、技术服务业和制造业的企业大多选择技术预测5～10年，分别占应答企业的75%、71.4%和50%；消费品行业和高技术产业（主要是电子信息和医药行业）的企业技术预测时间相对短一些，分别有100%和57%的企业选择预测 3 ~ 5 年的技术变化。三是因基础研究不能在短期内形成经济效益，大部分企业主要考核基础研究部门的研究成果，而不设置经济效益指标。同时，国家自然科学基金与部分企业设立联合基金，由企业提出需要解决的问题，并参与编制申请指南，支持大学科研院所申请相关项目。

二、影响企业基础研究的主要因素

根据企业反映，影响其基础研究的主要因素是投入机制和人才。主要表现在以下几个方面。

（一）企业基础研究能力和动力不足

受访企业普遍认为，影响企业基础研究的重要因素是企业人才和投入能力不足。企业基础研究投入低的主要原因，一是自身没有能力开展基础研究；二是可以从外部获得基础研究成果，不必自己开展基础研究。根据走访问卷统计结果，分别有 65% 和 61% 的企业选择了这两项原因，还有 30% 和 8% 的企业认为没有吸收基础研究成果的能力和不需要基础研究。

（二）支持企业基础研究的针对性政策不够

企业普遍反映，目前对企业基础研究的政策支持不够。走访问卷结果显示，企业对政策需求的优先顺序是：获得申报政府基础研究项目的机会；出台政策鼓励企业引进高层次人才；政府支持企业重点实验室运行费用；制定适应基础研究投入的税收减免政策；搭建信息平台，推介国内乃至国际产学研合作信息；政府支持组建由高校、研究机构、企业共建的专门产业技术创新研究院。

（三）企业缺乏长期稳定的基础研究资金投入

目前，企业开展基础研究以自筹资金投入为主。因基础研究短期内不会产生经济效益，未来应用存在较大不确定性，企业往往不愿意进行基础研究投入。尤其当前实体经济面临较大压力，企业整体盈利偏低，受经营压力限制，基础研究投入能力不足。特别是国有大企业面临资产保值增值的压力，上市公司面临业绩增长和股东回报压力，这些均导致企业在投入基础研究时比较谨慎。由此可见，基础研究无法完全靠市场机制来支撑。而企业反映，目前除了研发费用加计扣除所得税政策以外，对企业基础研究缺乏针对性的支持政策。

（四）体制机制制约了企业吸引基础研究人才

企业普遍反映，目前国内有能力从事基础研究的人才主要集中在高校和公立科研院所，企业缺乏基础研究人才。一方面，目前引进人才的标准主要看学历、论文数等，不符合企业的需要。而对引进高端人才的资质认定、优秀科研人员职称评定等，企业又缺乏自主权。另一方面，人才竞争激烈，企业难以稳定基础研究队伍。近年来高校的科研投入不断增加，研究经费相对充裕，提供的科研条件较好，一些在企业从事基础研究的优秀人才反而被高校挖走。加上许多企业的基础研究项目并不固定，难以形成稳定的基础研究团队。

（五）企业难以申请国家基础研究项目

目前，国家自然科学基金项目主要面向高校和科研院所的科研人员，企业不具有申报资格和优势，而大学的研究又难以支撑企业的需要。一方面，受访企业普遍反映，即使企业与大学联合申请自然科学基金项目，也因申请人必须具有从事基础研究的经历及高级专业技术职称等门槛，很难获得支持。另一方面，除联合基金外，基础研究的指南编制以专家为主，企业的技术需求难以进入项目指南。因此，基础研究项目设定难以反映产业界的实际需求。

（六）产学研合作机制有待完善

一些处于行业技术前沿的企业反映，目前大学的研究能力难以满足企业需要，产学研合作不能达到预期效果。目前，国家企业重点实验室大多以单个企业为单位，难以形成长期稳定的产学研合作平台。企业反映，国家自然科学基金委员会与企业共建的联合基金，对开展面向企业需求的基础研究起到一定支持作用。但联合基金规模较小，难以满足企业基础研究需要。

三、促进企业开展基础研究的建议

党的十九大提出建设科技强国目标。与建设世界科技强国的要求相比，我国基础科学研究短板比较突出。与发达的创新型国家相比，我国的基础研究比例偏低，主要靠政府投入，企业的基础研究严重不足，原始创新薄弱。目前，我国创新能力进入跟跑、并跑和领跑并存的阶段，部分企业进入行业技术前沿。随着技术进步加快，国际竞争加剧，越来越多的企业创新需要基础研究的支撑。因此，应在保持中央财政稳定投入的基础上，构建多元化的基础研究投入机制，引导和鼓励企业以及其他社会力量多渠道参与基础研究。

（一）充分发挥产学研的各自优势，助力企业开展基础研究

目前，我国企业的基础研究力量相对薄弱，而且研究重点是以需求导

向和解决问题为主的应用基础研究，因此，要建立有效机制，实行企业内部力量与外部力量相结合。企业的主要作用是提出需求，增加研发投入，有效发挥大学和科研院所在基础研究方面的优势，提高基础研究的效率。

（二）采取针对性措施，鼓励有能力的企业增加基础研究投入

探索鼓励企业加大基础研究投入的政策。例如，适当加大企业基础研究支出的所得税加计扣除比例；对企业建立基础研究基金，或资助大学科研院所开展基础研究的投入，应视为企业研究开发经费支出，享受研究开发经费加计扣除所得税政策。

鼓励企业加大科学仪器设备投入。例如，企业的大型科研设备投入实行消费型增值税制，进项税抵扣增值税；进口科研仪器设备减免进口环节税等。

（三）鼓励企业参与各类国家基础性研究计划

吸收前沿技术企业参加自然科学基金项目指南编制，鼓励有能力的企业与高校科研院所联合申报国家自然科学基金项目。适当扩大国家自然科学基金委员会与企业联合基金的规模，由企业自主确定需求，吸引更多的大学和科研机构参与联合基金项目，促进产学研结合。

鼓励企业参与国家重点研发计划、国家重大科技专项等应用基础研究项目。借鉴美国能源部的经验，在一些政府和企业合作的重大研究开发计划中，政府支持大学和科研院所开展基础性研究，企业进行应用技术开发。

在国家或区域层面成立国家重点企业实验室信息平台，提供国家重点实验室的科技资源、学术活动等方面的信息，为企业开展基础研究提供信

息支撑。鼓励企业开放国家重点实验室和大型仪器设备，统筹优化可利用的资源，减少设备重复购置造成的资源浪费。

（四）促进企业应用基础研究成果转化，加快成果转化速度

从国内外的实践看，基础研究的主体是大学和科研院所，而企业则是科技成果转化为生产力的主体。因此，要鼓励和支持企业参与大学、科研院所的基础研究成果应用转化研究，加速基础研究转化为原始创新能力。

设立政府技术转移资金，促进国家实验室的研究成果向企业转移，特别是向小企业转移和扩散。支持科研人员和企业家对接进行转化应用，发挥风险投资的作用。

进一步向企业开放大学和科研机构的国家实验室。开放实验室的目的是加强与企业联合研究开发，促进大学和研究机构与产业界的人员和知识交流，提高企业研发水平和国家实验室资源的利用效率。一是允许企业以合同研究、合作研究、资助研究等各种形式参与国家实验室的研究；二是向产业界开放大型科研设施；三是加强研究机构与企业合作研究和人员交流的长效机制，促进人员交流。在多种形式的交流与合作中，产业界深入了解研究机构的研究成果，加快科学研究成果的产业化应用，降低成果转化成本。

（五）加强企业基础研究人才队伍建设，发挥企业在基础研究人才引进方面的主体作用

探索企业基础研究人员职称评定办法，让企业的基础研究人才可以像高校和科研院所一样评定职称、申请基础研究项目，促进基础研究人才在高校、科研院所和企业之间合理流动。企业引进的高端人才也应享受各类

人才计划的政策和便利服务。

（六）进一步发挥企业国家重点实验室在行业和领域应用基础研究中的引领带动作用

目前，国家企业重点实验室的主要作用是有利于企业吸引人才和开展产学研合作。因此，应支持企业独立设立，或与高校、科研院所等联合设立基础研究项目，国家有关部门收集汇总题目后，统一向其他企业、大学和科研院所的研究人员发布。获得此类项目支持的科研人员在职称评定、职务晋升时应与承担相应政府项目同等认定，促进基础研究领域的开放式合作创新。

政府有关部门对企业实验室的评价标准应尊重基础研究规律，减少短期性、可视化收益的考核，建立容错机制，鼓励企业向技术前沿探索研究。应将产学研合作、参与大学和科研院所的科研成果转化纳入评价内容。

吕　薇　王明辉

有效发挥企业在基础研究中的作用 *

基础研究是重大创新的源头。与发达的创新型国家相比，我国基础科学短板比较突出，原始创新能力薄弱。中美贸易摩擦也暴露了我国关键核心技术受制于人的痛点。我国基础研究薄弱的主要原因是：缺乏有效推进基础研究的政策和体制机制，资金来源单一，主要依靠中央政府投入。《国务院关于全面加强基础科学研究的若干意见》提出建立基础研究的多元投入机制，增加企业和社会力量对基础研究的投入。如何发挥企业在基础研究中的作用是一个亟待解决的问题。

一、企业基础研究的规律和存在的问题

目前，我国企业基础研究投入严重不足。如美国的企业基础研究支出约占全社会 28%，我国仅占 2.9%。为了解企业基础研究情况，我们对设有国家重点实验室的 140 多家企业开展问卷调查，对近 40 家企业进行了面访，发现以下特点和问题。

（一）前沿技术企业迫切需要基础研究支撑

我国的创新能力从全面跟踪进入跟跑、并跑和领跑并存阶段，部分企

---

* 本文成稿于2019年7月。

业接近行业技术前沿，其持续发展需要基于基础研究的前沿技术创新。例如，华为有 8 万多名研发人员，2018 年研发支出超过 1000 亿元；阿里巴巴成立从事前沿技术研究的达摩院，计划 3 年投入 1000 亿元。

一些行业排头兵企业认为，目前有必要开展基础研究，但主要是需求导向的应用基础研究。其目标因发展阶段而异：进入"无人区"的企业是为寻找未来发展方向；有的企业是解决技术瓶颈，或为未来发展提供技术储备；还有些企业是为了更好吸收最新知识向应用转化。

（二）企业基础研究主要依靠内部资金和外部科研力量

调查发现，一方面，目前企业基础研究投入主要靠内部资金，难以获得国家自然科学基金等外部基础研究项目支持。另一方面，企业开展基础研究依靠的主要科研力量，是引进国内外高端人才和与高校、科研院所合作。有些企业直接利用高校的基础研究成果。例如，华为在全球布局了 30 多个联合创新中心和十几个研究中心，支持 300 多所大学和 900 个研究所。但不少企业反映，国内高校大多从事跟踪基础研究和接近使用的应用研究，难以支撑前沿技术原始创新的需要。

（三）企业基础研究能力不足

调查结果显示，大部分企业缺乏开展基础研究的能力和动力。一是企业缺乏长期稳定的基础研究投入。由于基础研究成果应用存在较大不确定性，近期难以形成经济效益，通常情况下，没有较强实力的企业难以持续投入。二是企业缺乏基础研究人才，难以形成稳定的基础研究团队。企业普遍反映，目前基础研究人才主要集中在高校和科研院所，各类人才计划以学历、论文为标准，不适合企业需要。加上人才竞争激烈、企业基础研究项目不固定等原因，企业往往留不住高端人才。还有企业反映，因企业与高校有着两套评价体系，一些海外高端研究人才进入企业后，不能参与学术机构的职称评定，学术生涯受到较大影响。三是企业普遍反映，高端研究人员的个人所得税率偏高，削弱了引进顶尖人才的国际竞争力。

（四）缺少支持企业基础研究的针对性政策

企业普遍反映，目前除了研发支出加计扣除所得税政策外，缺乏针对企业基础研究的政策支持。一方面，国家自然科学基金项目主要面向高校和科研院所，企业基本不具备申报资格和优势。国家自然科学基金委员会与企业共建的联合基金，对开展面向企业需求的基础研究起到一定作用，但规模较小。而基础研究项目指南编制以专家为主，研究方向难以反映产业界需求。另一方面，高校和科研院所的实验室较少对企业开放，企业自建基础研究实验室费用高，利用效率低。

二、多措并举，鼓励企业以多种方式参与基础研究

（一）明确企业在基础研究中的定位，充分发挥产学研的各自优势

从国内外实践看，基础研究的主体是大学和科研院所，企业是科技成果转化为生产力的主体。企业主要开展需求导向的应用基础研究，自由探索的纯基础研究以高校和科研院所为主。因此，要进一步明确产学研在基础研究中的定位，发挥各自的优势，提高基础研究投入效率。企业在基础研究中的主要作用是提出需求、增加投入、组织研究、主导应用转化，具体的基础研究工作应充分发挥高校和科研机构的作用。

同时，建立符合科学规律的基础研究投入机制和人才分类评价体系。

对基础研究实行稳定支持，对基础研究成果实行同行评议，基础研究人员评价不宜强调成果数量和成果转化，从而营造科学研究人员潜心研究的氛围，提高大学和科研机构的基础研究质量。

（二）采取针对性措施，鼓励有能力的企业加大基础研究投入

切实落实已有减税降费、研发支出加计扣除所得税等普惠性政策，提高企业的创新投入能力。同时，出台有针对性的鼓励措施，促进企业增加基础研究投入。

一是适当提高企业基础研究支出的加计扣除比例。二是进一步向企业开放国家实验室和大型仪器设备，促进企业与高校和研究机构间的人员、知识交流，节约企业研发成本。如美国SPACEX公司在研制商用可回收火箭的过程中，许多实验和测试是在国家航天实验室进行的。三是对企业购买大型科研和试验设备实行进项税抵扣增值税，减免科研仪器设备进口环节税等。四是加快完善国家科技报告制度，建立国家科技信息网络，为企业开展基础研究提供信息支撑。

（三）分类鼓励企业参与国家科技计划

在基础研究领域，吸收前沿技术企业参加自然科学基金和国家重大科技计划项目指南编制。扩大自然科学基金与企业的联合基金规模，由企业根据产业需求确定研究方向，吸引更多高校和科研机构参与联合基金项目。鼓励有能力的企业与高校和科研院所联合申请战略需求导向的应用基础研究项目。

支持企业参与集研究开发和示范于一体的国家重大科技专项、重点研发计划等，政府重点支持高校和科研院所的基础性研究，企业主要进行应

用技术开发。政府和企业共建多种形式的产业共性技术研发平台，促进产学研合作，解决企业创新需要的共性技术。

为促进基础研究成果的转化应用，建立科学转化计划，设立专项资金，鼓励和支持企业参与有应用前景的基础研究成果的应用转化研究，加速形成原始创新能力。国家重大科技计划按比例设立政府技术转移资金，支持科研人员和企业家对接进行转化应用，特别是向小企业转移和扩散。

（四）完善人才政策，促进高端科研人才向企业流动

政策要有利于增强企业对科学研究人才的吸引力。增加企业在高端研究人才引进和使用中的自主权，企业引进的高端人才也应享受各类人才计划的政策和便利服务。支持企业以合同研究、合作研究、资助研究等各种形式参与国家实验室的研究，鼓励大学的科研人员定期到企业合作或兼职研究，促进产学研在基础研究领域的开放合作。探索企业基础研究人员职称评定办法，使企业高端基础研究人才能够参与学术职称评定、申请基础研究项目、在高校兼职等。探索高端人才的个人所得税优惠政策，助力企业引进高端基础研究人才。

吕　薇

构建有利于创新型企业家发展的制度环境 *

经过多年在科技领域的不懈努力，我国研究开发人员总数已经位居世界第一位，超越了美国。不过，如果比较创新型企业家群体，我国与美国相比差距还很大。我国规模以上工业企业的研发投入强度仍然不到1%，而发达国家企业的这一比例平均为2%左右[①]。缺乏创新型企业家是未来我国创新发展面临的关键短板之一。应进一步优化市场环境和政策机制，培育能够滋养创新型企业家的社会土壤，使创新型企业家队伍不断壮大。

一、新时代呼唤创新型企业家

（一）企业家是引领创新的第一动力

随着我国从高速增长阶段转向高质量发展阶段，创新作为新发展理念的重要组成部分，其重要性更加突出。党的十九大报告明确指出，创新是引领发展的第一动力，是建设现代经济体系的战略支撑。创新与科技不同，其本质上是一个经济概念，没有商业化应用价值的科技成果不能称为创新。而这种商业化价值的实现恰恰根植于市场机制，需要依靠创新型企

---

* 本文成稿于2018年10月。
① 参见"我国自主创新能力建设2015年度报告"，《经济日报》2016年4月21日。

业家的智慧和贡献。正如创新经济学鼻祖熊彼特所言，企业家精神是推动创新的最关键力量，也是人类社会经济发展的根本动力。

创新型企业家不仅擅长将新的发明创造或者创意思路转变为经济效益，而且可以通过对研究开发活动的持续投入产生新技术，甚至参与一部分带有公共产品性质的基础研究并创造出科学成果，从而使原本被视为"外生"的科学发展和技术成果转化成为一个市场经济体系的"内生"产物，实现"科技—商业化—科技"的良性循环，推动经济社会不断向更高阶段迈进。如果说创新是引领发展的第一动力，那么企业家就是引领创新的第一动力。

（二）新时代的企业家亟须转型升级为创新型企业家

在当前新的历史发展时期，无论是从需求还是从供给角度分析，我国企业家群体都应该向成为创新型企业家的方向努力奋进，这是新时代的必然要求，也是关系到企业家自身未来可持续发展的重要抉择。

从我国发展的内在需求来看，消费者需求特征正在从大规模、同质化走向高质量、个性化。如果说改革开放初、中期企业家主要是为了满足人们生活衣食住行的基本需求，那么到了今天的新时代，企业家则需要更多的创新精神，需要更注重于提供满足人民美好生活需要的多样化、高质量产品和服务。从国际形势的发展变化来看，一方面，世界正处于下一次技术和产业革命的孕育期，新一代信息技术、人工智能、生物医药、新能源等各领域新技术不断涌现，创新的机遇期正在到来；另一方面，个别国家制造贸易摩擦、发起贸易战，技术封锁愈演愈烈，我国企业不得不致力于掌握关键技术。企业家一定要抓住机会、迎接挑战，逐步实现自身从传统企业家向创新型企业家的转变。

二、创新型企业家的含义与主要特征

（一）创新型企业家的经济学含义

马克·史库森（2005）把企业家分为两种类型：一是套利型企业家，他们通过将生产资源或产品在不同行业、不同区域之间转移而获利，促使市场从不均衡走向均衡状态；二是创新型企业家，他们致力于创新活动，通过开发新技术或新产品拓展出新市场，打破旧的市场和产品生产过程。美国学者拜格雷夫将这两种企业家对经济活动的作用结合起来，把企业家通过创新打破市场均衡，然后通过套利促进市场均衡的循环往复过程定义为企业家过程，形成了对企业家及企业家精神的全面理解。

从经济发展的历史长河来看，尽管套利型企业家和创新型企业家的作用都不可忽视，但是起到决定性作用的还是创新型企业家。其原因在于，经济增长的过程从长期来看终究还是人类不断推动技术进步、提高自然资源利用效率的结果。

（二）创新型企业家的定义与主要特征

结合上述分析，创新型企业家可以定义为：主导或组织研发及应用新技术、开发新产品、创新生产或商业模式、开拓新市场等活动，创造市场价值的企业控制者和决策者。这一定义至少包含三个要素：一是要直接组织和引领企业的创造性活动；二是要创造市场价值；三是企业家必须是企业的真正控制者和决策者。

创新型企业家身上往往会有一些与众不同的特质，这就是他们区别于普通企业家、科学家和工程师的典型人力资本特征。管理学家杰弗里·戴尔和克里斯滕森等认为，创新型企业家包含五个方面的特征：一是善于联系，能够将看似无关的问题或来自不同领域的想法整合起来，产生新思路、新创意；二是善于提问，创新型企业家常常不断提出各种挑战常识的问题；三是善于观察，往往以独特的视角看到一些潜在的市场机会；四是勇于实验，把整个世界都当作自己的实验室，不断优化新创意和新产品；五是建立交流网络，经常与各种不同背景的人士进行交流探讨，激发灵感，验证新想法、新观点。

（三）市场机制和文化氛围是培育创新型企业家的关键

创新型企业家群体不是靠自上而下的指令培养出来的，而是在相对自由灵活的市场机制和创新文化共同构成的"土壤"中滋养而生的。当然，政府可以通过优化法律制度和社会环境，对创新型企业家的成长发挥积极作用。

创新型企业家是伴随着历史上几次科技和产业革命而产生的一个群体，而这些科技革命无一不是来源于市场经济国家。正如熊彼特和鲍莫尔等经济学家所指出的，市场机制的最根本特征不在于通过均衡实现静态的福利最大化，而是通过激发创新来极大地促进经济快速增长。在这个过程中，创新型企业家作为创新活动的引领者和推动者，发挥了不可替代的关键作用。同时，一个不断创新的经济体也会在长期积淀中形成敢于挑战、包容失败的创新文化，这种文化氛围会影响一代又一代的企业家，甚至形成一种创新的意识形态和世界观，使创新型企业家层出不穷，为经济社会发展提供动力之源。

三、我国创新型企业家群体的发展现状

（一）我国已形成一个颇具规模的创新型企业家群体

目前关于创新型企业家还没有统一的认识和标准，一个相对简洁的办

法是从创新型企业的数量来大致推断创新型企业家群体数量。根据 2014 年全国企业创新调查结果，在我国 64.6 万家规模以上企业中，有 26.6 万家企业开展了创新活动，占 41.3%。另一个更狭义的口径是高新技术企业，根据科技部火炬中心的数据，截至 2016 年年底，全国高新技术企业已突破 10 万家，达到 10.4 万家。根据这些数据来判断，我国已经形成了一个颇具规模的创新型企业家群体。当然，我国企业的整体创新能力与发达国家还存在很大的差距，这也反映出创新型企业家群体的国内外差距。差距不在于数量，而在于质量。

（二）我国创新型企业家的典型类型

在改革开放 40 年的市场经济实践中，我国涌现出一批各具特色的创新型企业家。这些企业家各有其亮点，按照创新链条的不同环节，可以分为三种类型：一是技术创新型企业家，其特点是将核心和关键技术视为企业安身立命之本，敢于对未来可能带来经济效益的新技术进行预先研究，对技术发展趋势具有前瞻性的敏锐眼光，典型代表是华为公司的任正非；二是管理创新型企业家，其特点是善于通过创新管理模式来提升企业效率，这意味着要不断革新内部组织模式，避免大企业病的产生和蔓延，保持企业的活力和员工的积极主动性，典型代表是海尔集团的张瑞敏；三是商业模式创新型企业家，这一类企业家充分利用了我国人口众多、市场庞大的优势，引入互联网、云计算、大数据等新技术，对效率较低的传统商业模式进行了"创造性破坏"，并创造出新的商业模式，典型代表是阿里巴巴的马云。

除了这些已经成功的创新型企业家，我国还有在"大众创业、万众创新"大潮中涌现出来的大批创业者。2017 年，新注册企业高达 607.4 万户，平均每天新设 1.66 万户。在这些新企业中，与创新有关的领域占比越来高，海外留学归来的高学历创业者也越来越多。假以时日，这一批充满激情的创业者很有可能成长为未来中国创新型企业家的主力军。

（三）创新型企业家培育政策呈现"地强央弱"格局

在中央政府层面，目前还没有形成专门针对创新型企业家培养培育的政策体系，但是在相关的政策文件中已经明确了这一导向。2017 年 9 月发布的《中共中央　国务院关于营造企业家健康成长环境弘扬优秀企业家精神更好发挥企业家作用的意见》明确提出，要依法保护企业家创新权益，支持企业家创新发展，加强企业家队伍建设。不过，这个政策文件并没有明确提出创新型企业家这一概念，而且缺乏后续的实施细则和可操作措施。相比之下，一些地方政府在几年前就已经明确提出要重点培养创新型企业家，而且陆续制定出台了一批实施细则。例如，早在 2012 年，湖南省就在国内率先提出实施"创新型企业家培育计划"。之后，四川、安徽、江苏等地先后制订了各具特色的创新型企业家培养计划。典型政策措施包括组织开展培训、给予实践锻炼机会、直接或间接给予资助、做好人才服务等。总体而言，创新型企业家培育政策体系呈现出"地强央弱"格局，地方政府尤其是中西部省份在制订创新型企业家培养计划方面更加积极。

四、影响创新型企业家发展的主要问题

（一）市场资源配置导向机制不健全

我国"畸形"的套利机会仍存在。2015 年我国房地产业、煤炭工业、石油化工工业的利润率分别为 15.0%、9.6% 和 7.5%，上市银行的净利润率

基本在 30% 左右，而高技术产业利润率只有 6.4%。在这种扭曲的市场资源配置情况下，许多企业家从制造业转向了虚拟经济领域。近几年来，随着合理整顿金融秩序和抑制房地产泡沫等重大政策措施的实施，以及多种因素造成的能源价格走低，再加上简政放权改革的持续推进和"双创"的蓬勃发展，市场资源扭曲配置的问题得到了一定缓解，但是要彻底解决尚需进一步深化改革。

（二）创新权益不能完全保障

一是知识产权保护力度仍不足。尽管知识产权法律、政策和执法环境都取得了重大进展，但是对知识产权侵权还没有提供足够的保护，尤其跨区域的监管和执法仍是难点。

二是某些不正当竞争行为在一定程度上影响了企业家创新创业积极性。率先成功实现商业模式创新的企业常常会面临一些虚假宣传、恶意诋毁、扰乱市场正常竞争秩序的行为，有的大企业还利用自身的市场和信息优势对创新型中小企业进行打压，这些行为都不利于创新型企业的成长与发展。

（三）创新型企业家在政策制定中作用发挥不足

一是参政议政的机会尚有待进一步增加。近年来，我国非公企业建立党组织的越来越多，非公企业党组织应建已建率达 99.9%。但是，民营创新型企业家在党的代表大会中所占比例不大。在党的十九大 2287 名党代表中，有 148 位企业负责人代表，其中只有 27 位来自民营企业。二是企业家在创新政策制定过程中的参与度仍不够。各部门创新政策的制定仍以政府官员以及相关研究机构为主导，企业家更多的是政策的接受者，在政策制定过程中缺少话语权。

（四）国家层面对创新型企业家人才系统性培养和鼓励政策欠缺

尽管许多政府部门曾明确表示，"要像尊重科学家一样尊重企业家"，但是从国家层面的各类人才计划和政策来看，与创新人才相关的政策还是主要集中在科研人才上，对创新型企业家还没有力度较大、针对性较强的政策。在实际调研中民营企业家反映，与政府官员、高校科研院所人员和国有企业管理者等"体制内"人员相比，民营企业家在交流、培训、学习等人才政策方面仍缺乏公平机会。

（五）崇尚创新型企业家的文化与社会氛围不足

我国传统文化中对企业家一直是比较轻视的，也缺少崇尚创新的文化氛围。正如中粮集团董事长宁高宁所指出的："中国文化中充满了做买卖的文化，搞企业就是搞买卖，没有长远的产业心态，没有技术创新、产品至上的心态。"① 在这一点上，我们与美国的差距要大于科技实力之间的差距。此外，创新型企业家也需要进一步得到整个社会和新闻媒体的宣传和肯定。

五、建立有利于创新型企业家发展的市场环境和政策机制

培育创新型企业家的根本在于完善自由竞争的市场机制。此外，在市场发育不完善的特殊时期，可以结合我国经济社会发展的实际情况，实施一些阶段性的扶持政策，为创新型企业家发展提供助力和动力。

---

① 出自宁高宁在2011年第十届中国企业领袖年会上的演讲。参见：http://china.cnr.cn/ygxw/201112/t20111210_508908691. shtml。

（一）建立更加有利于创新型企业家成长的市场环境

一是要继续实施稳定房地产市场、整顿金融领域秩序等大政方针，营造公平竞争的市场环境，形成对创新活动的市场内在激励机制，降低创新型企业家的机会成本。二是要坚定不移地推进国有资本运营管理体制改革和国有企业混合所有制改革，给创新型企业家更大的竞争空间，使他们能够通过参股和参与管理等方式获得帮助提高国有资本效率的机会。

（二）落实保护企业家创新权益的政策

一是要落实已有政策，制定实施细则，尽快在现有法律法规框架下提高对知识产权的损害赔偿额度，加快建立非诉行政强制执行绿色通道，探索建立跨省份的知识产权法院，集中审理不同省（区、市）之间的知识产权纠纷和诉讼。二是要保护正常的市场竞争秩序，对各种扰乱市场竞争秩序的行为，尤其是针对创新型中小型企业的不正当竞争行为，必须通过行政或司法渠道依法严处。

（三）增加创新型企业家的参政议政机会

一是在国家重要会议中适度增加民营企业家，尤其是创新型企业家的代表名额。二是在创新政策制定中给予企业家更多的话语权。邀请创新型企业家更多地参与政策咨询和讨论过程，重点选择企业家作为征求意见的对象。当然也要注意不能以企业利益为导向制定国家政策。

（四）将"培育创新型企业家"作为人才政策重点之一

建议将"培育创新型企业家"纳入中组部、人力资源和社会保障部人才规划和政策体系，作为未来一个时期的一项重点实施的政策内容。一是组织实施"国内创新型企业家培养计划"。针对科技型中小企业的企业家开设专门培训计划和培训班，以政府购买服务等方式组织企业家出国交流，定期组织"创新型企业家"评奖，重点奖励中青年企业家。二是优化"海归"及外籍创新型企业家服务体系。进一步打造服务的"绿色通道"，建立专业的服务机构，帮助来华投资或创业的企业家了解和申报优惠政策，并协助办理移民、居住证、保险、子女教育等一系列烦琐事务。

（五）逐步形成崇尚创新型企业家的文化氛围

一是正面宣传创新创业文化，并逐渐渗透到学校教育中。要鼓励年轻人有梦想、敢于挑战、敢于创业，从政策制度设计上建立鼓励创新、宽容失败的良好环境。二是引导媒体多宣传创新型企业家。在主流媒体设置宣传创新型企业家的专栏或专题报道，对国内遵纪守法、开拓进取的典型创新型企业家进行正面宣传，引导全社会尊重创新型企业家、学习创新精神。

田杰棠

科研人员考核评价改革亟待深化和落实 *

考核评价制度是调动科研人员工作积极性、主动性的"指挥棒"，对科技人才的培养和激励具有重要影响。目前，我国高校和科研院所的考核评价制度与科研活动规律不相适应，不利于充分激发科研人员创新活力。亟待通过加快事业单位改革、进一步扩大自主权、推进落实分类考核评价制度等一系列措施，释放科研人员活力，为高质量发展提供制度保障。

一、考核评价现状

（一）考核评价的内容和标准

目前，事业单位性质的高校和科研院所（以下简称高校和科研院所）对科研人员的考核评价内容主要包括工作情况和工作成效两个方面。工作情况容易量化，通常根据论文数量、等级和影响因子，主持的科研项目数量和科研经费金额，科技奖励以及专利数量等进行定量考核。工作成效则不太容易量化，通常采用民主测评来考核。

1. 事业单位人员考核采用统一的内容与等次

根据 1995 年人事部印发的《事业单位工作人员考核暂行规定》，各级各类职员、专业技术人员、工人的考核内容均为德、能、勤、绩四项。考

＊ 本文成稿于2018年8月。

核结果分优秀、合格、不合格三个等次，考核结果会征求本人意见。高校和科研院所考核评价都要在上述规定下进行。

2003 年，事业单位工作人员考核结果由三个等次改为优秀、合格、基本合格、不合格四个等次。各单位大多通过工作量统计和民主测评结果来确定考核等次。

2. 考核评价越来越重视品德和工作成效，尤其对高层次科技人才来说更是如此

2016 年 3 月，中共中央印发《关于深化人才发展体制机制改革的意见》，明确提出创新人才评价机制，突出品德、能力和业绩评价，改进人才评价考核方式。2016 年 8 月 25 日，教育部印发了《关于深化高校教师考核评价制度改革的指导意见》，提出考核评价要注重能力、实绩和贡献。2017 年 1 月，中组部、科技部联合印发《科研事业单位领导人员管理暂行办法》，明确对科研事业单位领导而言，考核评价注重科技创新质量、贡献、绩效。2018 年 7 月，中办、国办印发《关于深化项目评审、人才评价、机构评估改革的意见》，提出建立符合科技创新规律、突出质量贡献绩效导向的分类评价体系。

（二）考核评价方式上由单一标准向分类考核过渡

过去很长一段时间，对各类科技人才的考核评价采用数量型单一标准作为考核评价依据，这些评价指标主要包括：发表论文数量、承担科研项目数量和科研经费、获得专利、荣誉性头衔等。

随着高校和科研院所创新能力不断提升，有关部门开始推进分类考核评价制度。2018 年 2 月，中办、国办印发《关于分类推进人才评价机制改革的指导意见》，要求实行分类评价，突出品德评价，科学设置评价标准。坚持德才兼备，把品德作为人才评价的首要内容。坚持凭能力、实绩、贡献评价人才。

（三）特定事项考核向重实绩、重质量、差异化评价导向转变

除了常规的年度绩效考核，科研人员在职称评审、职务晋升时还要接受特定事项考核。2017年1月，中办、国办印发《关于深化职称制度改革的意见》，改革主要集中在以下七个方面，体现了重实绩、重质量、差异化的评价导向：一是实践性强、操作性强、研究属性不明显的可不作论文要求，探索以专利成果、项目报告、教案等替代论文；二是推行代表作制度，重点考察质量；三是采取考试、评审、考评结合等多种评价方式；四是突出业绩水平和实际贡献，增加技术创新、专利、成果转化等指标的权重；五是分类评价，基础研究人才以同行学术评价为主，应用研究和技术人才评价突出市场和社会评价；六是长期在艰苦边远地区和基层一线工作的侧重考察实际工作业绩；七是对引进的海外高层次人才和急需紧缺人才，建立职称评审绿色通道。

二、现行考核评价方式的主要问题

长期以来，高校和科研院所对科研人员的考核评价均在事业单位管理框架下进行，总体上仍以量化指标和统一标准为特征，自主权有限。行政化倾向尚未根本扭转，重数量轻质量、重学历轻能力等依然存在，分类评价实施不到位，影响了科研人员的积极性和创造性。

（一）考核评价自主权受限

我国的高校和科研院所大部分属于国有事业单位，这就决定了它们受

到相对严格的人事、经费和编制管理约束。近年来，我国在薪资分配、岗位设置、成果处置等方面逐步扩大了高校和科研院所的自主权，但考核评价方面自主权仍然有限。扩大高校和科研院所考核评价自主权，要从根本上推动事业单位改革。

（二）考核评价行政化倾向未得到根本扭转

行政力量对考核评价干预过多。调研中发现，一些科研单位在职称评审和课题评审时，行政力量对科研人员的学术评价干预过多。往往是行政级别越高话语权越大，而不是科研水平越高越权威，导致考核评价时存在"权力崇拜"现象。

重行政级别、轻技术职称现象普遍存在。高校和科研院所存在行政级别和技术职称两个序列，并且都和学术资源、福利待遇挂钩。现阶段，依靠行政级别可以获得的学术资源与物质条件明显高于技术职称。很多优秀的科研人员推出高质量科研成果后，往往会选择进入行政管理序列，不再从事或难以专注于科研工作。这种"研而优则仕"的普遍心态致使科研人员很难潜心从事研究工作，甚至把行政级别晋升所需达到的要求作为科研目标，不利于激发科研人员的创造性。

（三）重数量轻质量，重形式轻内容，重学历轻能力，重资历轻业绩等问题仍然存在

科研项目评审、职称评审时，片面采用数量化指标，学术评价专业性不高。科研人员申请科研项目、参加职称评审时，通常针对某细分领域对其科研水平进行考核，专业性强，但同行评价方式并未得到有效推广。非同行对具体学科发展难以把握，为了避免出错和误判，只能用形式化的成果载体取代评价工作本身，用量化的产出指标来评价科研水平，难以全面

准确地评价科研人员的能力和贡献。

主管部门对高校和科研院所的机构考核内容不够合理，导致科研人员追求成果数量。上级主管部门对高校和科研院所考核时，如高校的学科评估、科研院所实验室评估等，把规模化指标、科研投入和产出性指标作为考核内容。为了达标，高校和科研院所通常将对应的数量目标层层分解到每个科研人员身上，以实现机构整体科研实力的提升。有些高校和科研院所还按照职称高低，规定各级岗位需要发表的论文数量和获得的科研经费金额，把科学研究等同于产品生产。

考核评价异化为争项目、拿经费。对科研人员在职务晋升和职称评审时的考核评价，与论文数量、承担的项目、科研经费以及各种"人才帽子"和头衔过度挂钩。这导致科研人员对照标准追求成果数量。在申请竞争性项目和争取科研经费时，一些科研人员不再坚持自己领域最有价值或原创性的研究，而是追逐热点、迎合审稿人，堆砌科研工作量。考核评价异化为争项目、拿经费，科研人员变成了"论文制造者"。

（四）分类考核评价改革进展较慢

有关部门已就推进分类考核出台多份文件，给予高校和科研院所一定的自主权，但推进落实较慢。调研中我们了解到，尽管有些高校对教学岗和科研类岗进行了区分，但在具体操作中，如职称评审时，仍然以论文、专利、科研项目等同质指标进行考核，分类评价制度落地难。同样，以科研为主的事业单位和以社会管理为主的事业单位，在年度绩效考核时采用同一套考核评价标准，忽略了它们的差异，不符合科研规律。

（五）职称评审、职务晋升等特定事项考核标准模糊

不论在高校，还是在科研院所，科研人员的职称评审、职务晋升考

核评价都存在"大小年"现象。有些科研人员在高水平人才云集的"大年"通不过考核，但隔几年抓住"小年"的机会也能晋升。事实上，考核评价标准年年都变，甚至"因人"调整标准。另外，论资排辈现象还相当普遍。

（六）科研项目考核行政化给科研人员带来负担

科研项目行政化考核给科研人员带来两大难题：一是表格多。科研人员主持一个科研项目，从申报、评审到中期检查、验收、考核、评奖等，要填大量表格，附大量的附件和证明材料。二是同一项目多头检查、重复检查，内容要求重复。这导致科研人员要不停地跑部门，不断地开各种会议，宝贵的科研时间浪费在琐碎杂务上，不能专心搞研究。

三、国际经验

（一）强调科研水平和质量，并不刻意强调成果数量

国外高校和科研机构工作的科研人员，在绩效考核时，即使科研项目短期内未看到成果，没有公开发表论文，但只要同行评价结果好，也会被认定为贡献。如德国亥姆霍兹联合会（The Helmholtz Association of German）在个人绩效评估中彻底放弃了片面的"纯定量"指标，而是基于科研人员工作目标，从科研质量、工作投入、团队协作和专业应变能力等四个方面来评价科研人员，评价权重分别设定为40%、30%、20%和10%。法国国家科研中心（CNRS）对研究人员的评估由其下属的"国家科学研究委员会"负责，该委员会成员由知名学者组成。评价内容包括：科研业绩与水平、科技成果推广、科技知识传播、人员培训及科研管理等。

（二）重能力而不重资历，不设指标限制

美国图书馆员职称评审主要依据《大学教职工与图书馆馆员地位的声明》进行。该声明对图书馆员职称评审的条件和程序等作了严格的规定。职称评审不受指标限制，只要达到评审条件，通过领导考核和馆员互评就可以顺利晋升，成绩优异的可以破格晋升，表现不佳则不能晋级。

法国国家科研中心研究人员的职称评审与其工作绩效直接挂钩，而不是与资历挂钩。作出重大贡献的科研人员，只要通过该中心科学理事会考核，即通过职称评审。

（三）考核评价过程公开透明，标准明确

美国图书馆员职称评审时，除了领导考评，还有馆员互评，其结论比领导考评更权威。馆员互评由图书馆职称考评委员会组织实施，凡是任期满 3 年的研究馆员、副研究馆员都可以报名申请成为职称考评委员会成员。如果馆员互评结果与领导考评结果不一致，由主管副职决定，往往会遵从馆员互评的结果。

2008 年，法国教研部宣布了"2009—2011 年高教和科研职业计划"，提出要强化透明原则，优化科研成果和科研能力评估。法国国家科研中心的考核小组会派人到研究人员所在单位了解情况，并与本人交谈，在综合各方面情况基础上讨论作出评价结论。

（四）重视科研人员的品德和诚信

科研人员的薪资、晋升、奖励不仅与其能力、业绩直接挂钩，也与其信用直接挂钩，科研工作受到严格的监督和管理。法国国家科研中心设有科学伦理委员会，制定关于科研伦理学的规定条文，如科研舞弊、科研成

果非法占有等；科研人员在科研评估、专家鉴定等方面对科研组织和社会承担的责任和义务。

四、政策建议

释放高校和科研院所的科研人员活力，要从根本上加快事业单位改革，进一步去行政化，给予高校和科研院所充分的自主权；把建立以能力、业绩和品德为导向的考核评价体系作为工作重点；同时，加快落实分类评价制度，建立有利于科研人员潜心研究和创新的制度环境。

（一）加快推进事业单位改革，进一步去行政化

目前，事业单位管理体制改革滞后，行政化倾向明显，对激发科研人员积极性形成了一定障碍。建议加快事业单位改革进程，明确各类事业单位治理结构，落实高校和科研院所在考核评价、编制管理、职称评审等方面的自主权，进一步去行政化。减少不必要的行政事务性考核，为科研人员减轻负担，充分释放科技人才创新活力。

（二）建立以能力、业绩和品德为导向的考核评价体系

一是淡化数量指标，强化能力和业绩指标。考核评价、职务晋升和职称评审时，淡化科研人员论文数量、项目数量、科研经费所占权重，淡化学历、资历、身份，尤其是淡化海外经历和各种"人才帽子"，避免把资历和标签与科研水平简单画等号。强化质量和业绩指标，推行代表作评价制度，把代表性科研成果的质量、影响以及科研人员的贡献作为重要考核评价指标。

二是完善同行评价制度，增强考核评价的科学性。推行同行评价制

度，增加同行评价在考核评价中的分量。科研人员短期内未发表研究成果，可根据同行评价结果来认定是否作出贡献。建立透明公开的评价程序，阶段性评价与长周期评价相结合，处理好年度绩效考核与 3 ~ 5 年考核的关系。适当合并、清理各种评价、评估、检查，切实减少数量和频率，为科研人员减轻行政性事务负担。

三是将职务晋升、职称评审与科研品德挂钩。过度数量化的考核评价标准，容易导致科研人员在出成果时追求"短平快"，甚至不惜做出违反学术诚信的行为。要激励科研人员通过努力取得高质量的原创性科研成果，抑制科研浮躁。对违反科研品德的行为保持零容忍，在职务晋升和职称评审时实行一票否决制，维护科学道德。

（三）加快落实分类评价制度

处理好竞争前研究与市场开发的关系，对从事不同类型工作的科研人员，建立明确的分类评价标准，加快落实分类评价制度。基础研究和共性技术研发远离市场，科研成果不确定性高，可转化性低。对于从事这两类研究的科研人员，考核评价既不能唯数量论，更不能只看经济效益，而要看科研人员在原始创新方面的进展与突破，同时要包容失败；对于从事试验发展、成果转化的科研人员，要重点考核成果转化应用情况，及其在解决经济社会发展关键问题中发挥的作用；对于从事应用研究的科研人员，考核内容应介于前两者之间，既要看创新成果对于行业的应用价值，也要看是否产生新方法、新工艺、新产品。

（四）明确晋升标准，健全科研人员多渠道晋升机制

坚持考核评价与晋升相结合，年度经常性考核和针对性考核相结合。明确晋升标准，突破名额指标限制，达到评审标准通过考核即可晋升。按

照科研、管理、研辅等不同类别岗位，建立多渠道的人才晋升机制。各类岗位的最高等级应大致相同，所能享受的各种待遇也应基本相同，消除序列之间的差异，引导科研人员安心科研工作。

王明辉

参考文献

[1] 龚春红，刘娅，张海英. 美国联邦政府科研院所经费管理研究. 科技管理研究，2008（12）.

[2] 王克君. 美国高校教师绩效评价体系及对我国的启示. 东北大学学报（社会科学版），2013（6）.

[3] 刘丽辉. 美国图书馆员职称评审机制对我国图书馆的启示. 图书馆建设，2013（12）.

[4] 刘娅. 英国公共部门研究机构薪酬绩效制度研究. 中国科技论坛，2014（9）.

[5] 柯文进，姜金秋. 世界一流大学的薪酬体系特征及启示——以美国5所一流大学为例. 中国高教研究，2014（5）.

[6] 张浩斌. 高校科技评价中的问题与对策. 科学管理研究，2014（6）.

[7] 李楠. 关于深化高校科技评价改革的思考. 中国高等教育，2014（9）.

[8] 李辉，贾晓薇. 高校教师考核评价制度存在的问题及完善措施. 辽宁师范大学学报（社会科学版），2015（5）.

[9] 何小兰. 我国高校科研经费管理存在的问题及其解决对策. 上海管理科学，2017（4）.

加快转变教育方式提升高校培养创新型人才质量[*]

对中国这样一个人口大国而言，要从根本上实现高等教育体系从规模普及到内涵发展的升级并非易事。从"钱学森之问"的提出到今天，我国高等教育"大而不强"的问题一直备受关注。一个突出的表现就是学生创新意识和创新精神不强，高校人才培养的层次和结构未能及时适应新一轮经济社会发展转型的需要。培养创新型人才是一个长周期、系统性的工程，教育（尤其是高等教育）具有基础性乃至决定性的意义。尽管杰出的创新型人才很难完全靠"教"出来，但错误或过时的教育方式及制度很可能"扼杀"人的创造力，进而阻碍创新型人才的成长。为此，有必要认清我国高校培养创新型人才所面临的主要问题，从转变教育方式入手，找准新时期高等教育深化改革的突破口。

一、我国高校培养创新型人才的现状与进展

（一）我国高等教育已进入"由大转强"的新阶段

我国高等教育体系在过去数十年间实现了跨越式的扩张与转型，已成为名副其实的高等教育大国。从 1999 年高校扩招至今，在校生规模翻

＊ 本文成稿于2018年10月。

了两番多。2016年，各类高校在学总规模达3699万人（其中本科在校生突破1613万人），全球占比达20%，居全球第一。高校毛入学率^①已达42.7%，高于全球平均水平，提前完成了《国家中长期教育改革和发展规划纲要（2010—2020年）》中"36%"的目标。同期，普通高校数量从2000年的1041个增加至2016年的2596个；其中本科高校达1237所，是高校增长最重要的主力军。

伴随大学教育从精英化走向大众化，我国高校分层、分类培养了数以千万计的专门人才，为经济社会发展提供了持续的智力支持和人力资源保障。2005—2015年10年间，本科毕业生累计达到2853万人，本科毕业生占新增城镇就业人口比例从22%增加到47.2%，成为我国新增人力资源的最重要发动机。2017年，我国新增劳动力平均受教育年限已超过13.3年，基本达到中等发达国家平均水平。从全球视角看，早在2013年我国在OECD和G20国家中的年轻大学毕业生（25～34岁）占比已居第一（达17%）。根据OECD（2015）的预测，该比例到2030年将增至27%。同时中国对全球科学家和高技能人员的贡献率更大，2030年将增至37%。究其原因，这得益于我国有相当比例的大学毕业生完成了STEM科目的学习（2013年占比就有40%），而美国、英国、德国等多数发达国家该比例均不足1/3。

（二）创新型人才培养不足是我国高等教育体系"大而不强"的主要原因

尽管我国高等教育改革发展已取得了显著成就，但与世界上许多高等教育强国相比，我国高等教育体系"大而不强"的问题还很突出。世界

---

① "毛入学率"是指18～21岁在校生人数占该年龄段人口总数的比重。我国1990年该指标仅为5%。

经济论坛（WEF）、瑞士洛桑管理学院（IMD）联合发布的《世界竞争力年鉴（2017—2018）》显示：我国国家竞争力综合排名为第 27 位、创新指数排名为第 28 位，但高等教育指数为 4.8、全球排名仅第 47 位。与美国（6.1，排名第 3 位）、德国（5.7，排名第 15 位）、英国（5.5，排名第 20 位）、日本（5.4，排名第 23 位）等发达国家相比，我国高等教育体系的国际竞争力还有显著差距。类似地，在世界知识产权组织（WIPO）发布的"全球创新指数（2018）"中，相对于我国近些年大幅提升的创新能力综合排名（17/126），我国高等教育质量排名却仅为第 94 位，大幅落后于多数欧美发达国家。高等教育质量的差距已成为制约我国创新能力与经济实力进一步提升的关键短板。

从经济社会转型的需求来看，我国高校人才培养的类型、层次和专业结构与社会需求还不够契合。一方面，人才队伍的"顶天立地"结构尚未形成，不仅科技领军人才、创新型企业家等高端人才数量偏少，产业高技能人才规模也十分有限。另一方面，应届大学毕业生就业难的问题加剧。世界银行的研究（2018）显示：2015 年，中国大学毕业生（毕业后半年内）失业率约为 8%，25% 的毕业生薪水低于农民工平均工资，30% 的职业类型属于低技能（不需要大学文凭）。这在一定程度上反映出我国大学教育回报率面临下降的趋势。究其原因，教育质量的提升并未与规模扩张实现同步，特别是学生创新意识和创新能力培养严重不足。我国高等教育仍处于"外延式"发展阶段，面向创新教育的"内涵式"发展不足。

二、影响创新型人才培养质量的主要问题及成因

"培养学生的创新创业精神与能力"作为大学全面落实立德树人根本任务的核心理念之一，尽管已得到了广泛认同，但不少高校的教育方式及

育人模式仍因循守旧，难以适应创新型人才培养的内在要求。从当前制约创新型人才培养质量提升的主要问题来看，较突出的挑战包括以下八个方面。

（一）教学方法相对滞后，考核方式比较单一

首先，实践性、互动式教学发展不足。培养具有创新精神和能力的人才靠知识传授是远远不够的，将知识逻辑与行动逻辑有机结合，发展体验式、互动式学习已成为国际上创新教育的主流趋势。近年来，一些高校加大了对实践教学的投入力度，如发展"第二课堂"等，但总体而言规模比较有限、效果也不明显。以工程学科为例，理论与实践脱节的局面并未得到根本的改善：多数工科院校的教学方法仍以讲授为主，学生自我体验、自主学习、自由创造的环境还不具备；实践教学也被不同程度地削弱，学生"被动实践"成分多，"主动实践"成分太少，培养方式存在"批量生产"现象，严重制约了创新型优秀工程师的培养[1]。

其次，多数高校的课堂教学仍以知识灌输为主，重视知识性学习而非探索性学习。这种过分强调知识传授和知识记忆、不注重方法论和创造力培养，仅仅通过背书就通过考试的教学方式，可能容易导致对创造力培养的压制。有专家就曾指出："中国学生的知识结构普遍比美国学生要缜密、扎实，后者更倾向于跳跃式思维；但由于科学知识体系大多并不完整，美国的教学模式反而能提高学生主动学习、解决新问题的能力，这恰恰是重大科学发现的必备因素；由此，中国学生在既有知识上的优势反而成了劣势。"[2] 长期看，批判性思维和创造性思维教育不足将成为最明显短板。

最后，面向学生的考核评价方式单一，重结果、轻过程。学生评价

---

[1] 李培根："实学创新人才培养——紧迫而严肃的话题"，《中国教育报》2007年1月25日。

[2] 施一公："人才培养呼唤良好的制度环境"，载于黄达人等编著：《大学的根本》，商务印书馆2015年版。

直接体现了教育价值观、人才观、质量观，对受教育者的行为具有重要的导向作用。当前，评价考核方式整齐划一，不仅缺少能力与知识考核并重的多元化学业考核内容体系，评价方式也相对单一，对学生学习过程的监测、评估与反馈机制尚未真正建立。调研中有高校领导反映，"课堂教学讲的东西太多、实践太少，考得太容易"成为一种普遍存在的情况。例如，某校一门算法设计课，本应是侧重于设计和解决问题的能力考核，但期末考卷中超过80%是概念题，仅10%是一道简单的设计实操题；且这套考卷3年内都没有改动。对学习过程管理的忽视，对考核内容、形式、难度的把控不严，容易导致学生把通过考试作为唯一目的，加剧国内高校长期存在的"严进宽出"问题。这不利于以"知识传授导向"向"能力养成导向"的教学方式转型，也忽视了不同层次的学生发展和对学生个体的全面评价。

（二）课程体系质量不高，忽视了通识教育

课程体系建设看似微观、琐碎，但实为人才培养的核心环节，也是影响教学改革成效的重要抓手。先进、科学的课程体系是建设世界一流大学的必要条件之一。当前，我国高校课程体系建设的短板主要集中在两个方面。

一是专业核心课程数量偏多，但深度不够。不少高校教授反映当前一个突出问题就是核心课数量过多，但又讲不深[1]。这既造成学生课业压力过大，又不利于课程教学质量提高。同时，就创新教育而言，方法论培养的重要性远高于理论知识的更新，现实中却是理论课太多、方法论课程太少。类似地，必修课多以大班教学为主，而有利于启发式、研讨式教学的小班选修课却太少。此外，专业课程内容及教材编写的动态更新滞后，相

---

① 饶毅："教学改革的关键在于学院"，《大学的根本》，商务印书馆2015年版。

比于快速改善的教学、科研仪器设施的投入水平，针对新课程开发（特别是学科前沿课、方法论课）的资源投入相对有限。

二是模块化的通识教育发展不足，与专业教育的融合十分有限。一方面，除少数院校外，多数普通高校的通识教育课程过少，开课资源不够。目前本科课程体系主要由"公共必修课+学科基础课+专业课"三部分构成，留给通识课程的空间一般不足20%，通识教育成为一种"点缀"。同时，各高校开设通识教育课程的资源能力差距较大，即使是国内领先的知名院校与国际同行相比仍有较大差距。例如，在美国哈佛大学本科生院，通识教育有八类课程，每一类中有十几门甚至更多的课程可供选择，但国内顶尖高校暂时无法提供这么丰富的课程资源。另一方面，已有的通识教育较多还停留在传统的素质教育层面，教学质量标准不健全，缺乏对学生自由全面发展的关注。通识教育不能局限于作为专业教育的补充，而应更多融入专业教育体系。若专业教育过于强势、通识教育发展不足，将引发"短期功利主义"，不利于激发好奇心、想象力和培养批判性思维，也不利于学生的全面发展、个性发展[①]。这也是国内高校发展创新创业教育中出现"两张皮"现象的根源之一。

（三）跨学科、交叉融合少，个性化培养不足

适应新时期知识复合、学科交叉、技术融合的发展趋势是培养创新型人才的迫切需求和有效途径。比较欧美发达国家的高水平大学，我国高校无论是在跨学科课程、跨学科专业（包括辅修）设置，还是多学科交叉的育人平台建设等方面都相对滞后。调研发现有少数高校在这方面有了一些探索，例如，清华大学14个院系合作共建的X-Lab教育平台（又称三创空间）、美术学院与信息学院联合开设的"信息技术设计"专业学位，南

① 钱颖一："通识教育，个性发展"，《大学的改革》，中信出版社2016年版。

方科技大学、上海纽约大学允许学生推迟专业选择或选择多个专业等。但整体而言，专业设置过多、过细、过窄，专业动态调整机制未能真正建立；加上学分制改革尚不到位，学生学习自主权、选择权受限，导致了以学生为中心、激发学生学习兴趣和潜能的教学改革难以落地，也制约了专业建设质量提升，还推高了创新教育成本。

与此同时，对个性化培养关注不够，"因材施教"难以有效落地。个性的自由发展是创新型人才的重要特征，也是创新型人才成长的基础。目前多数高校未能充分考虑教育的个性化：对一个专业的所有学生制定统一的培养方案、课程计划，实行统一的教学方法与评价标准——这种同一化的专业培养模式在一定程度上压抑了学生的主动性、积极性和选择性，也不利于完善学分制和弹性学制的推广，更不符合"以学生发展为中心"的创新教育理念。尽管自 2009 年起，教育部启动的"基础学科拔尖学生培养试验计划"给予了国内部分试点高校探索多元化专业培养模式的空间，但截至 2014 年，仅 19 所试点高校约 4500 名学子得以入选，面向全体学生的个性化创新教育远未实现。在这种带有一定"工业化烙印"培养模式下产出的人才队伍很容易呈现"高均值、低方差"的特点。除了拔尖创新人才相对少，对那些不符合既定或常规衡量标准但有创造力潜质的人才也缺乏包容性[1]。

（四）多方协同育人的机制尚未理顺

实行产学研用协同育人的合作机制是多数发达国家大学提高创新型人才培养效率和弹性的重要手段。相比之下，我国高校与社会用人部门的协同育人机制相对单一，企业参与深度不足，产教融合对培养重点行业领域

---

① 钱颖一："中国教育问题中的'均值'与'方差'"，《比较》2015年第1期。

创新型人才的巨大潜力尚未真正显现。

以工程教育领域为例,自 2010 年教育部启动"卓越工程师教育培养计划"以来,已有 208 所高校、6000 余家企业以及 21 个行业部门和 7 个协会参与,覆盖在校生约 13 万人[①]。不过,除了参与学生规模占比极为有限之外,合作机制也相对单一。教育部高教评估中心的专项调查(2015)显示,"企业提供实习条件"和"共建实习基地"是目前校企合作育人最为常见的形式,占比分别为 70% 和 47%;而"提供师资培训""参与学生实习成绩评价""参与课程体系修订""培养目标制定"等占比均仅 20% 左右。随着工程教育改革深入,以提供实习场所为主的传统合作育人形式显然已不能满足社会对于工科毕业生创新能力的诉求,深化合作形式、增强工科领域创新型人才培养对产业转型的适应性已势在必行。此外,调查也显示,超过 30% 的企业表示"国家缺乏相关鼓励政策或细则"是影响校企合作培养人才的最主要因素。例如,专门支持高校产教融合的税收优惠政策(结构性减税)至今未有相关细则出台[②]。

(五)对新一代数字技术重塑教育形态的准备不足

新一代数字技术正在整个教育领域快速渗透,对传统教育教学形态产生重塑甚至颠覆性的影响。仅以"慕课"(MOOC)为代表的大规模开放式在线教育,就在短时间内对传统课堂教学带来了较大影响[③]。很多低成本、个性化的数字教育技术,如大数据、人工智能、虚拟现实等,对传统教育体系产生的深刻影响将难以估量。研究预测未来五年内包括在线或移动学

[①] 参考:教育部高教评估中心:《中国工程教育质量报告(2014年度)》,教育科学出版社2016年版。

[②] 2017年12月,国务院办公厅发布的《关于深化产教融合的若干意见》首次提出专门面向"企业参与办学"的结构性减税优惠,但至今未有相关配套文件。

[③] 例如,2011年,由美国斯坦福大学推出的一门"人工智能导论"免费在线课程获得了全球超过16万人的在线注册,引发广泛关注。

习、自适应学习、大规模网络公开课、翻转课堂、虚拟教学、智慧教室、创造空间等新技术、新形态将在全球大学体系中普遍出现[①]。

与之相比，我国高校无论是课堂教学还是实践教学，总体上还是以平面、实体教学为主，信息技术手段的利用有限。调研中很多师生代表都反映，国内高校在适应和利用新技术、新模式，推动教育创新上普遍准备不足。目前，除了对数字化教育的研究和投入不够外，相配套的教学管理制度也未建立，难以匹配数字化转型下的创新型人才培养的新需求。例如，尽管全国高校50%的教室是多媒体教室，但教师总体的数字化素养低、多媒体教学内容质量不高，学校为教师提供教育技术支持、推动教学改革也很有限。与欧美国家大学相比，尽管我国高校在线教育的规模并不小，已有460多所高校开出了3200多门在线课程，但高质量的精品课少（总体不足20%），学生注册量普遍不高，与线下课程的配合度也不高。此外，高校间对各自开设的在线课程互认程度也不高，学生自主注册并完成一些通用在线课程后取得的学分难以实现跨校间转换。总体看，如何利用好新技术，整合正式与非正式学习、平衡线上与线下教育，最大限度保证教育形态的弹性，将是我国高校长期面临的一项重要挑战。

（六）教师投入的积极性受限，创新教育的能力有限

无论是推动教学方式创新、课程体系改革，还是发展广泛意义上的创新创业教育，在很大程度上取决于教师队伍的投入精力与经验水平。长期以来，师资水平是我国高校培养创新型人才的主要短板，也是追赶世界一流大学的关键目标。这不仅要求教师自身具有较强的创新意识和创新能力，也要求其在教学中有强烈意愿并懂得如何培养学生的创新素养。

[①] 参见：美国新媒体联盟和美国高校教育信息化协会学习项目：《地平线报告：2016年高等教育版》。

　　一是教师的绩效评价体系失衡，重科研、轻教学现象长期存在，投入创新教育的积极性不高。教师对待教学的态度深刻影响着学生对于学习、科研的态度，而对教师的考核评价机制则直接影响教师对教学的投入程度与水平。当前，各高校内部"重科研、轻教学"的现象仍然大量存在。主要原因除了教学质量测评难以量化、难度较大（相对于科研水平考核而言）之外，关键在于针对教师育人能力和实践能力的评价考核力度不强，分类管理和分类评价机制尚未完善，教学对于教师专业技术职务晋升的影响有限。以某高校二级学院职称评审的分数计算方式为例，总分由三部分构成：科研成果占70%，教学工作表现仅占15%，学院活动贡献与参与占15%[①]。调研中不少教师代表也反映，对教师教学质量的考核大多过于简单，主要考察课时投入，如是否完成工作量、遵守教学秩序等，对教学方法创新、学生反馈及培养质量等因素重视不够。一些高校甚至将科研与教学割裂开来：一方面对教师（特别是青年教师）加大教学任务分配，另一方面在职称晋升、岗位竞聘以及奖励政策方面却对科研业绩与教学质量"厚此薄彼"——这不仅让教师无所适从，还会严重影响其教学积极性。实际上，重科研本身没有错，关键不能"轻教学"。若没有对教学环节的足够重视和机制保障，高水平科研支撑高质量人才培养也就无从谈起。

　　二是适应创新教育诉求的大规模、高素质、多元化教师队伍发展不足，选拔培训机制不健全。首先，生师比偏高问题严峻。尽管我国普通高校教职工总量已居全球第一，但受制于不断扩张的生源规模，生师比长期偏高，自2006年至今保持在17.5左右。而根据《教育概览2014》，OECD国家的生师比均值仅为14。较高的生师比在加大教师教学负荷的同时，也不利于大规模创新型人才培养所必需的个性化、长期性投入。其次，高素

---

　　① 摘自："解决高校重科研轻教学难题 要让教师有劲头有甜头"，《光明日报》2017年2月12日。

质的师资力量有限。例如，截至 2014 年，各高校具有博士学位的专任教师比例仅 20.05%，新建本科高校更低（不到 10%）。2015 年全国 905 所普通高校的"双师型"教师[1] 比例仅为 18.6%，仅 8.3% 的专任教师具有工程背景、17.1% 的专任教师有行业背景[2]。特别是在推动创新创业教育改革过程中，面临的主要问题之一就是缺乏专业的创业教师或授课老师缺乏实践经验，创业导师数量有限等[3]。最后，现有教师队伍的选拔与培训机制不健全，影响了高水平师资的源头质量。尽管近些年多数高校对师资招聘的要求提升、范围扩大，教师市场也在加速形成，但除部分重点院校外，多数高校（特别是应用型高校）教师队伍选拔方式、培训体系的国际接轨程度并不高。这主要是受教职评聘、薪酬制度、流动机制等因素的制约。相对于欧美大学体系中"学者中选拔教师"的成长路径，国内高校教师的成长路径多是"教师中选拔学者"，这种差异直接带来了教师队伍整体素养的差异。

（七）高校质量评价体系不尽合理

大学质量评价标准及相应的监测评估是促进高校提高教育和治理水平的主要手段，对高校人才培养具有"指挥棒"的作用。评价体系不尽合理已成为影响高校创新型人才培养投入水平及产出质量的突出问题。现有的学科评估或教学工作合格评估体系中，评价重点相对强调学科建设、科研成果等方面，未将人才培养的水平和质量摆到首要位置。究其原因，一是考核学科建设和科研成果大多是硬指标、可比性强，而考核人才培养的指标偏软，多以精品课、教学名师、实验班等碎片化指标呈现，难以真正反映人才培养的实际效果。二是量化指标多、定性指标少，而创新型人才培

---

[1]　根据《国家中长期教育改革与发展规划纲要（2010—2020）》，一般是指持有专业技术资格证书和职业资格证书的复合型教师。

[2]　数据来自教育部高等教育教学评估中心《中国本科教育质量报告》（2016 年度）。

[3]　参考：CCG：《2017 中国高校学生创新创业调查报告》。

养水平本身很难用量化指标来衡量，如教学方法、教学管理及服务、大学文化等因素。由此，这会助长一些高校质量改进的短视化倾向，不利于引导不同类型的高校在提升创新型人才培养质量上合理定位、办出水平和特色。由于评价结果在一定程度上会影响高校的办学资源和生源质量，还容易引发大学间的竞争唯论文、唯头衔、唯项目，甚至"唯标签、争标签"。这不仅不符合主管部门推动分类管理和分类评价的初衷，还会因政策固化加大不同高校间的身份差异，最终降低高等教育领域的资源配置效率。

总体而言，高校质量监管方面尚缺乏"牵一发而动全身"的抓手，无论是教学评估还是学科评估，其有效性、针对性和持续改进作用还有待加强，评估标准、评估方法都亟须改进。除了 2018 年年初刚发布的本科专业类国家质量标准，适应创新导向的各类教育质量标准尚处于建设之中，对大学办学绩效动态评价、国际监测评估或认证等手段的引入还较少，第三方评估机构发展仍不成熟。此外，高校主体责任、质量意识和质量文化还有待加强。

（八）大学自主权仍需进一步扩大和落实

良好的大学治理体系是高水平大学的基础性特征，特别是在高等教育体系不断扩张并日趋复杂的趋势下，加快落实和扩大高校自主权越来越重要。以美国为例，无论是私立大学还是公立大学，其在组织、财务、人事、学术等方面的高度自主权是最重要的特征。欧洲自 2000 年通过"里斯本战略"以来，在大学治理改革方面的一个主要趋势也是更多地向美国模式靠近，以更大、更灵活的自主权推动大学成为创新和培养创新型人才的基地 ①。

---

① 参考：钱颖一："大学治理：美国、欧洲、中国"，《清华大学教育研究》2015年第5期。

相比之下，我国大学自主权改革仍在探索之中，政府部门对高校管理决策的直接干预仍然较多。受宏观教育管理体制影响，高校客观上仍面临行政干预多、法律规范和系统化制度建设少的问题。就自主权而言，尽管政策上已明确，但具体实施中还存在相关政策不配套、好政策难落实（缺乏实施细则）或隐性制约多等问题。2010 年，世界银行对东亚国家的一次专项调查显示：在高等教育自主权的各项指标上，中国的评估结果均不太理想，仅在"制定学术和课程内容；确定工资、招聘和解雇教职工；拥有建筑物和设备；确定招生规模和组成"等方面有部分自主权。就培养创新型人才直接相关的权限而言，包括课程体系设置、专业设置、教学管理、学位审批、学科建设、教改项目审批、经费审批及使用、人才评价等多个方面在内的管理权限都在不同程度上受到不同部门的直接干预。相关部门之间下放自主权不匹配，加上部门间政策不协调，仍然存在管得过多、过细等问题。相比于中央部属高校，地方所属高校、民办高校的办学自主权扩大需求更加迫切。

三、对策与建议

创新的竞争最终是人才的竞争，而人才的竞争最终是教育的竞争。教育不只是提供人的就业和职业生活技能，还要发展人的创新精神、创新意识和创新能力。国际经验表明，多数创新发达国家或地区大多拥有一个强大的高等教育体系。当前，制约我国高校创新型人才培养质量提升的主要问题是教育方式转变不够、制度保障不尽完善。为进一步理顺我国高等教育内涵发展的体制机制，支撑引领发展所必需的创新型人才培养诉求，提出以下几点建议。

（一）以创新创业教育为突破口，重点推动教学方式、课程体系、培养模式及配套制度的改革

把深化高校创新创业教育改革作为推动整个高等教育体系综合改革的突破口，力求面向全体、融合专业、强化实践、个性培养，把科学精神、创新意识、创造能力和社会责任感的培养贯穿学生培养的全过程。同时，应尽可能突破以往教学改革的局限性，从人才培养、学科建设和科学研究一体化综合改革入手，把创新创业教育引向深入。建议对2015年颁布的《关于深化高等学校创新创业教育改革的实施意见》开展专项评估，抓紧出台配套的行动指南。

在教学方式上，推广小班化教学、混合式教学以及方法论教学，扩大实践教学比例，加大过程考核比重，对课程考试和毕业设计的形式、内容、难度加强监控。在课程体系上，适当减少核心课数量，增加课程结构的开放性和多样性，给学生更多学习自主权；特别是扩大模块化通识教育课程占比，研究出台通识教育的质量标准。在培养模式上，加大弹性学制改革力度，推进学期制度改革，鼓励跨学科、跨专业学习；完善专业动态调整机制，做好存量升级、增量优化、余量消减。扩大各类"拔尖培养计划""卓越培养计划"的覆盖面，提高普惠性。在配套机制上，加快建立科研反哺教学机制，改进现有的教学工作评价机制，推动教学科研深度融合。如支持本科生参与科研，及时把前沿成果引入课堂等。

（二）构建完善多方参与的协同育人新机制

创新型人才培养要遵循需求导向，离不开与社会用人部门紧密合作的协同育人机制。首先，要拓宽传统的校企合作育人方式，加强在联合制定人才培养标准、参与课程体系修订与学生学业考核、促进师资双向交流

与兼职导师队伍建设等方面的深度合作机制。其次，要进一步健全资源共享机制，推动将社会优质教育资源及时转化为创新创业相关的教育教学内容。最后，推动以发展新工科为代表的重点领域产教整合改革示范，加快出台包括财税、金融、用地等在内的政策优惠实施细则，切实提高企业的积极性。

（三）推动新一代数字技术与教育教学深度融合

教育领域的数字化、智能化转型已迫在眉睫，各高校应主动适应新技术变革带来的教育教学范式变革。加快推动互联网、大数据、人工智能、虚拟现实等新一代数字技术在课堂教学、教育管理中的深度应用，积极探索智能化、低成本、个性化的教育方式，以"互联网＋高等教育"的新形态适应数字化转型背景下创新型人才培养新需求。增强教师的数字教学素养，推动翻转课堂、泛在学习、混合教学等方式在众创空间、多学科融合学习（STEAM 教育）、创客教育等新模式中的应用。加快完善"慕课"学分跨校认定、标准体系建设等配套制度，主动引入社会化力量参与高校教育创新。

（四）激发教师积极性，提高其开展创新教育的能力

进一步明确全体教师参与创新教育的职责，鼓励分类管理，深入改进绩效及职称评价体系。加强对教师教育教学业绩的考核（特别是创新教育的考核），在专业技术职称评审中施行教学工作考评一票否决制，同时切实加大对创新教育业绩突出教师的奖励力度。从制度上确保教学与科研是同等重要的评价依据，并继续强化高校教师师德师风建设。

加快完善高校教师的教学培训和教学发展制度。可参照国际上通行的"教师教学发展中心"建设经验，大力实施"面向创新教育的教学能力提

升"国家师资培训工程，使教师的创新教育能力培训常态化。同时，加快建立高校与产业间的人才流动机制，扩大"双师型"教师的比重；改革现有的大学教师选拔任用机制，提高源头质量。

（五）改进高校质量评价体系，进一步扩大高校办学自主权

全面改进高校的质量评价体系是落实教育领域"放管服"改革的重中之重。应把人才培养水平作为评价大学的首要指标，凸显以学生为中心、以创新为导向的教育质量持续改进机制，改善高校质量文化建设。一要改进过度数量化、短期化、碎片化的考核指标体系，及时将创新创业教育质量评价标准纳入高校学科评估和教学评估体系。二要摒弃不合理的"一刀切""贴标签"管理方式，优化分类管理，鼓励不同办学模式的有序竞争。三要进一步强化督导评估的作用。建议拓宽现有本科教学工作合格评估、审核评估的范围，从"保底线"的角色逐步向"促提升"升级，引导高校在提高创新型人才培养质量上办出特色、办出水平。

进一步扩大高校办学自主权，首先要充分发挥国家教育体制改革领导小组的协调作用，落实好教育与科技、发改、财政、人社等相关部门的政策协调。其次，应努力改善大学治理的外部环境，营造宽松、包容的育人生态。结合创新型人才培养需求，着力解决课程与专业设置、弹性学制与学位颁发、教改项目审批、经费使用、人才评价等方面的不合理干预。最后，引导和鼓励各类高校探索完善其内部治理体系，将学术委员会、教职工代表大会、大学理事会建设情况作为评价高校治理水平的重要指标。

熊鸿儒

国际经贸新形势下加强知识产权保护的
难点与重点 *

知识产权保护是中美贸易摩擦的焦点问题，也是一些发达国家质疑中国营商环境的重要方面。2018 年 3 月，美国发布对华"301 调查"报告，用大量篇幅指责我国知识产权保护不力。随后，美国联合欧盟，以中国侵犯知识产权为由向世贸组织（WTO）提起了诉讼。2018 年 11 月，美方发布对华"301 调查"报告的更新版本，认为 7 个月来中国没有任何实质行动，不合理行为仍在继续，再次对华提出指责。

事实上，我国在立法、执法和司法层面不断加强知识产权保护力度，取得了明显成效，也得到了多数国家认可，但由于起步晚、起点低，我国知识产权保护的实际效果与社会期待还有差距。短期内显著提高知识产权保护力度的难度较大，应抓住重点，长短结合，在未来 5 年内搭建起适应高质量发展需要的知识产权保护制度。

一、美国对我国知识产权保护的主要关注点

美方在对华"301 调查"报告、《2018 美国企业在中国》等报告中提

---

* 本文成稿于2018年12月。

出，中国知识产权保护存在以下主要问题。

侵犯知识产权现象比较突出，侵权成本低。美方认为，中国存在大范围的侵权行为和侵权产品，广泛分布在药品、消费电子产品、玩具、电脑配件、服装和鞋类、汽车零部件、半导体等产品类别。美方还对我国知识产权执法机制不完善表示担忧，认为执法力度不足，权利人胜诉后能够获得的赔偿较低，甚至连诉讼费、律师费都弥补不了。

行政许可过程中强制要求提供敏感信息，但得不到保护。如《中华人民共和国环境影响评价法》《中华人民共和国网络安全法》等法律要求提供相关信息，但缺乏足够的保障措施来保护这些信息。行政主管部门审查、评估时多借助"专家"，而"专家"可能是来自学术界、工业界等利益相关方的代表，他们可能将敏感信息泄露给竞争对手。

政府强制要求在经贸合作中转让知识产权。事实上，加入世贸组织以来，中国政府没有强制要求外商企业转让技术，也做不到强制外商企业转让技术。中国企业通过与外资企业订立商业合同，获得外方转让或许可其技术，从而共同在中国市场上获取丰厚的商业回报，这完全是基于自愿原则的契约行为。

强制要求披露信息、强制要求转让知识产权问题可通过修改相关法规、加强解释工作在短期内予以解决，而对侵权问题的处理则是知识产权保护的重点和难点。

二、强化知识产权保护的难点

我国政府高度重视知识产权保护工作，并为此作出很大努力，但知识产权保护效果仍然不尽如人意，有其深层次的原因。

案件判赔额低，难以形成威慑。一是取证难。我国实行"谁起诉、谁举证"制度。起诉人就侵权获益或侵权损失取证，需要深入侵权者内部才有可能获取，如对方刻意阻挠就很难成功。若起诉人不能提供上述证据，法官就只能在法定限额内判赔。二是法定赔偿限额低。第三次修正后的《中华人民共和国专利法》《中华人民共和国商标法》与第二次修正后的《中华人民共和国著作权法》规定，我国专利、商标、版权案件法定赔偿限额分别为 100 万元、300 万元、50 万元，相对较低。再加上我国知识产权鱼龙混杂，交易价格普遍低廉，均价只有几万元。因此，法官会非常谨慎地判定赔偿数额，通常远低于法定限额。如此轻微的惩罚对侵权者根本形不成威慑。形不成威慑，侵权行为就会大量存在，知识产权的价值就难以体现，由此形成"劣币驱逐良币"的恶性循环。

知识产权数量庞大，执法资源投入严重不匹配。2017 年我国专利申请量达到 138.2 万件，连续 7 年位居世界第一；有效商标注册量为 1492 万件，连续 17 年位居世界第一。如此庞大的基数，无论加强行政执法，还是加强司法执法，都需要大量的人力、物力和财力投入。在行政执法方面，版权执法依靠文化执法队伍，商标、专利侵权执法将由重新组建的市场监管综合执法队伍承担，执法力量有望得到加强。在司法执法方面，我国组建了 3 家知识产权法院和 16 个知识产权法庭，执法队伍不断充实。但相对需求而言，执法力量仍捉襟见肘。例如，2017 年我国法院共新收一审、二审、申请再审等各类知识产权案件 23.7 万件，较 2016 年增长 40.4%，但法官数量并没有相应增长；而且专业法官的培养需要一个较长的过程。

公众知识产权保护意识不强，侵权行为仍有滋生"土壤"。长期以来，我国对无形资产保护较为忽视，公众知识产权保护意识仍处于较低水平。提高知识产权保护意识需要长期教育、宣传和引导，可能需要一代人甚至几代人的努力。

三、提高知识产权保护力度要"突出重点，长短结合，综合施治"

提高知识产权保护力度，短期内重点在于提高惩戒力度，显著提高违法成本，形成强大威慑力。从长远来看，需要加强宣传教育，提高公众的知识产权保护意识。

加强对企业提供信息的保护力度。修改《中华人民共和国行政许可法》《中华人民共和国环境影响评价法》《中华人民共和国网络安全法》等相关法规，提高审批和许可程序的透明性、规范性，细化信息保密规定。评估提供信息的必要性，取消不必要的信息提供要求。实施利害关系人回避制度，加强对泄密者的法律责任追究。

提高法定赔偿限额，建立惩罚性赔偿制度。建议尽快修改《中华人民共和国专利法》《中华人民共和国著作权法》《中华人民共和国商标法》，提高专利、版权、商标案件的法定赔偿限额，对故意侵权、重复侵权等行为实施惩罚性赔偿，提高惩戒力度。

建立人民法院协助取证措施。建议推广 2013 年《中华人民共和国商标法》的修法原则，在权利人已经尽力举证，而相关账簿、资料主要由侵权人掌握的情况下，人民法院可以责令侵权人提供相关账簿、资料等，适当减轻原告的举证压力。

加大执法队伍建设投入，增加执法人员编制。根据案件数量调整执法队伍规模，研究建立动态调整机制。加快知识产权法院和知识产权法庭建设，提高知识产权案件审理的专业化程度。通过培训、外聘等机制，充实技术力量，提高专业知识水平。商标、专利执法由市场监管综合执法队伍承担后，应加快整合和优化执法力量，避免因更关注医药、食品等高风险领域而被弱化。

提高知识产权授权和持有门槛，为知识产权有效保护减负。提高专利审查质量，严格按照新颖性、创造性、实用性的要求授予专利。适当提高专利、商标持有成本，通过市场化机制调节知识产权数量与质量的关系。各类评价和奖励政策要从强调知识产权数量转向强调知识产权质量，从源头上减少低质量的知识产权。

高度重视知识产权保护宣传教育。综合运用学校教育、社会宣传、媒体报道等形式，借助"知识产权宣传周"等主题活动，大力宣扬"保护知识产权光荣、侵犯知识产权可耻"的理念，提高公众尊重和保护知识产权的自觉性。

沈恒超

全面加强知识产权保护需"快慢急"三道并重 *

随着新技术革命迅猛发展以及中美知识产权之争常态化，知识产权保护在国家战略和国际竞争中的地位日益凸显。我国知识产权保护工作成就巨大，已进入"高速路"发展态势，但要适应新技术革命发展需要，应对复杂的国际竞争形势，切实落实习近平总书记关于全面加强知识产权保护工作的重要指示，除继续发展"高速路"上已相对完备的"快速道"外，还应关注"慢速道"和"应急道"，"高速路入口"也应按国情精准设计。发达国家近期动向也提供了相关参照。

一、发达国家知识产权保护呈现四大新动向

建设"快速道"：知识产权获取和实施持续加速。"快速道"指通常强调的知识产权强保护、全链条保护。为适应新技术革命创新爆发、更新快等特点，发达国家都在向"快"进发，典型表现为：一是加快授权。日本每年都将授权流程提速列为知识产权建设的优先举措，美国在加速授权流程的同时也在加快专利无效审核程序。二是便利诉讼。日本 2019 年拟建立更中立、方便的收集侵权索赔证据的新系统；改变计算方法以更易确定损害赔偿数额。欧盟统一专利法院进入筹备阶段，拟于 2021 年引入单一

---

* 本文成稿于2021年3月。

专利体系，提供一站式服务登记并统一管理"具备单一效力的欧洲专利"。三是加速流转。数字认证和交易机制解决了版权网上流转的安全问题，纠纷解决更便捷，美、英、日、韩等国都发展了数字版权交易中心。促进专利交易的商人型中介机构（经纪人、非执业实体、在线平台、拍卖和类似Intelligent Ventures 的有独特实体）在发达国家随着新技术革命的发展也越来越具有规模和影响力。

拓展"慢速道"：知识产权保护在商业环境下受到更多限制。"慢速道"指在特定条件下知识产权保护应受到限制，以往主要指反垄断反不正当竞争。随着新技术革命带来创新新特点以及专利劫持的频繁发生，为避免传统保护阻碍创新，发达国家"慢速道"有了新拓展。新拓展典型内容为禁令例外、标准必要专利 FRAND（公平、合理、无歧视）原则以及共享协议等，它们在新技术革命兴起后发源于美国，逐渐被欧日采纳，多适用于知识产权密集或行业融合领域。

反对者认为禁令例外制度会严重削弱知识产权保护，但该制度仍于2006 年在美国确立，侵权确认后不像以前必然颁布停止侵权的禁令，更多以"利益是否失衡"等商业因素来衡量是否颁布。欧、日也逐渐采纳该制度。

对新技术革命产业化至关重要的标准必要专利的许可，必须遵守FRAND 原则，一般专利权人无须遵守。该原则源自国际标准组织，随后被各国采纳。美、欧、日等国家和地区均倾向不对标准必要专利侵权人颁发禁令，侵权人只需缴纳合理使用费。

知识共享许可协议是 2002 年在美国成立的知识共享组织发起的行业自律，著作权人保留署名等核心权利，将其余权利让渡给公众或其他创作者，以弱化版权壁垒，促进科技创新和思想交流。该协议已进入 70 多个国家和地区，在科研、文化、教育和公共政策等方面被广泛采用。

加强"应急道"：国家安全及公共利益对知识产权的限制加强。以国家安全为由对知识产权事项进行审查早已存在，近来有强化趋势。美国2018年立法将投资和并购导致的知识产权转移和高新技术企业出售与危害国家安全等同，并加大审查范围和力度。日本2019年为防止重要技术外流，避免发生损害国防工业生产、基础技术等影响国家安全的事件，放宽外商投资行业限制。英国2018年允许政府"追溯性"审查外资收购关键企业，以保护国家安全和敏感知识产权。

强制许可也是"应急道"的重要手段，指为实现某种政治或社会目标由政府强迫权利人允许他人使用其知识产品，使用费按"合理"标准确定。发达国家使用强制许可非常审慎，但近年来范围在拓展。美国特定类型的数字传输、非交互式的数字音频播放以及韩国数字音频都被本国纳入强制许可范围。2005年《与贸易有关的知识产权协定》（TRIPS）修正案允许各国向仿制药供应商授予强制许可范围。德国2016年首次实施艾滋病药品的强制许可。新冠肺炎疫情发生后，加拿大授权政府及相关个人或团体可以因应对公共危机事件制造、销售（未经权利人许可的）专利产品。

变动的"高速路入口"：知识产权保护范围新探索。不是所有的创新都能被纳入知识产权保护范围，在符合"三性"等根本条件[①]的基础上，各国大多拓宽本国技术竞争力强领域的知识产权保护范围，收窄竞争力弱领域的保护范围。新技术革命带来的变化还处在"让子弹飞"阶段。

发展人工智能和机器学习的技术（多与数学模型、算法及软件相关）在欧、美、日等国家和地区只按版权保护，不纳入专利，但欧盟允许在与应用程序关联时纳入专利范围。人工智能自动生成的文学作品、自动开发的生物制剂医疗设备等暂不受保护。克隆、基因编辑等生物技术是否被纳入保护范围在不同国家要解决不同的道德伦理问题。大数据什么情况下能

[①] 指创新性、新颖性和实用性。

纳入知识产权保护范围在欧、美、日等国家和地区意见不统一；对于虚拟环境中（如电脑游戏）的商标和版权是否仍适用现实世界的商标法和版权法，各国也在探讨。

二、我国知识产权保护需要"快慢急"三道并重

我国知识产权保护进展巨大，但由于一直处在被指责"保护不足"的国际压力之下，不可避免地更注重"快速道"（一直推进强保护），忽略"慢速道"（不关注对保护的合理限制），刚启动"应急道"（中美贸易摩擦恶化后），"高速路入口"仿西方（保护范围不完全从本国实际出发）。要适应新阶段发展要求，在持续完善"快速道"的同时，积极关注"慢速道"拓宽的国际新趋势，丰富"应急道"的具体内容和手段，还应在"高速路入口"处更注重本国实际。

"快速道"：提升执行实效。我国多年来在知识产权强保护方面持续发力，意识培育和制度储备基本到位，知识产权授权期间及诉讼周期在全球均居于前列。在加强全球宣传的同时，需进一步提升执行实效，包括加强行政保护透明度和可预测性、便利诉讼证据获取及赔偿额度的确定等。司法保护水平的进一步提升也受制于中国总体法治水平的提升。

"慢速道"：加强制度储备。我国"慢速道"发展一直相对缓慢，近五年才出台反垄断、反不正当竞争的单行规则。对国际新兴规则是否应纳入颇有争议。反对者认为发达国家是知识产权保护的"三高"患者，中国"营养不良"，不应照搬。这个理由越来越站不住脚。一是"慢速道"和"快速道"不对立，只是适用条件不同；二是随着赔偿标准不断提高，我国已逐渐成为"专利流氓"的目标国；三是越来越多的内外资企业开始有相关诉求；四是"慢速道"可成为应对西方"专利战"的有用工具。

有必要对"慢速道"给予更多关注。除完善传统反垄断反不正当竞争规则外，还应深刻认识禁令例外、FRAND原则等制度的产业意义和在国际竞争中的作用，并进行深入研究和制度储备。

"应急道"：丰富内容和手段。丰富国家安全审查的内容和手段。西方国家安全审查的重点在技术输出（转让制度），中国在注重转让的同时还应强调核心知识产权的获取。除加强关键核心技术的自主研发和保护外，也要关注如何通过多种方式有效获取。在审查手段上可参照美国"337条款""301条款"考虑制定我国的相关制度。

有效应用强制许可制度。中国一直有该项制度，但从未使用，这与印度、巴西等国形成鲜明对比。在各国加强技术壁垒的情形下，有必要考虑对被禁止与我国进行知识产权交易的企业适用"强制许可"。不想放弃中国市场的企业可能宁愿有这样一个理由反抗母国禁令。

"高速路入口"：贴近本国实际。紧密跟踪新技术革命带来的挑战并结合本国产业实际，探讨人工智能、大数据、区块链以及基因技术等新业态的知识产权保护范围。亟须加强被发达国家知识产权制度和理论所忽视，但在我国尚未完善的传统文化、传统知识以及遗传资源等领域的保护。如中医药、多民族传统文化知识以及遗传资源的惠益共享制度需要尽快制定和完善，防范遗传资源"海盗现象"，与发达国家合理共享遗传资源以及传统知识带来的知识产权收益。

王怀宇

及早关注知识产权保护中的自动禁令例外 *

通过研究中、美、日、德等重要经济体知识产权保护制度演进趋向和分析中、美近 25 万件案例大数据，我们判断：新技术革命及其产业化让自动禁令例外成为知识产权保护的国际新动向。建议我国及早关注这一动向，从国内、国际两个层面着手进行相关研究和制度储备。

一、自动禁令例外因新技术革命及其产业化产生和发展

自动禁令例外（Injunction Exception）是指在知识产权侵权发生后，法院不是因为国家安全、公共利益或权利人主观恶意等传统因素，而是因为当事人之间利益失衡这个新的理由来不判定停止侵权。比如一部手机至少涵盖数十万件专利，手机制造商如果侵犯了某一个微小专利，判定停止侵权会导致该手机的停产停售，造成制造商的重大利益受损，这时法院可能不会判定侵权方停止侵权，而是通过经济赔偿来维护权利人的利益。

自动禁令例外的出现，是因为新技术革命带来的新的产品形态、新的创新特点对知识产权制度提出了新需求。第一个特点是多部件、多专利的产品形态成为常态，在强保护的环境下，一个对产品贡献很小的专

---

* 本文成稿于2021年12月。

利就可能迫使整个产品停产停售，造成各方利益的重大失衡。第二个更可怕的特点是对行业的颠覆经常来自新的领域。比如智能汽车制造过程中汽车制造商遭遇互联互通有关专利技术阻击时，就难以用传统的交叉许可来解决专利纠纷问题，在强保护的环境下，企业一旦遭遇这种专利阻击就意味着灭顶之灾。这些特点催生了"专利流氓"，并加剧了企业对自动禁令例外的渴望。

越来越多的行业因为与新技术的融合支持自动禁令例外。最早呼吁自动禁令例外的是美国电信、互联网、智能制造等行业，一些传统行业起初并不关注。但随着 IT、大数据等融入金融、零售、交通运输和传统制造业，越来越多的专利运营公司用软件专利对这些行业提起大额诉讼，传统的知识产权保护（自动禁令）会阻碍行业创新并提升运营风险，于是美国这些传统行业也开始支持自动禁令例外。

越来越多的国家因为新技术产业化的进展确立自动禁令例外。随着支持自动禁令例外行业的增多，美国自动禁令例外制度从 2006 年开始逐步得到确立；2014 年欧盟知识产权执行指令（IPRED）提出要根据"比例原则"适用禁令；日本知识产权反垄断指南也开始探讨自动禁令例外。2019年被调研的德国企业普遍反映 5 年前他们还不关注这个问题，但随着越来越多的行业与数据、人工智能等新技术进行深度融合，知识产权传统保护致使他们容易遭受专利劫持时，自动禁令例外开始进入企业视野。2021年德国因应企业界强烈呼吁也采纳了该制度。

此外，自动禁令例外仍是一个争议激烈的新事物，主要面临一些产品专利含量少的制造业和专利运营企业的强烈反对。在美国，除电信、互联网等 14 个行业强烈支持自动禁令例外，医药等行业强烈反对；德国2021 年拟采纳该制度时，电信、智能驾驶、智能制造等行业强烈支持，3M、巴斯夫、拜耳、爱立信、诺基亚、德国化学工业协会等则反对。

二、自动禁令例外可能开启国际知识产权保护变革的序幕

自动禁令例外突破了近百年来知识产权强保护的传统做法。第一，权利人的处置权受到限制，停止侵权不再依据权利人的请求成为侵权确定情形下的必然选择。第二，当事人之间的商业利益失衡成为限制权利的新增理由，而以往仅限于国家安全或公共利益等法定理由。第三，对权利的限制不以权利主体自身是否有过错为前提。在无法定理由的情况下，以往限制仅在恶意注册或恶意诉讼等权利人存在主观过错的情况下发生。

自动禁令例外打破了知识产权保护现有利益平衡。美国在确立自动禁令例外原则前，本国的"专利流氓"和专利劫持案件数量不断攀升，被视为专利领域的"巨魔"，确立该原则后有关案件数量显著下降，一些国际知名的"专利流氓"开始在其他没有确立自动禁令例外原则的法域中寻找机会。这种现象是自动禁令例外影响知识产权各方利益分配机制的明显例证。处置权受限让权利人在知识产权定价流转等谈判中的筹码相对弱化，与贸易相关的知识产权利益分配机制在一定程度上将向使用人和第三人倾斜，新的利益平衡将形成，这将有利于创新的传播，有利于更符合新技术革命创新速度加快的产业需求。

自动禁令例外也动摇了现行国际知识产权秩序的基石。二十世纪八九十年代处于创新前沿的跨国公司一致呼吁建立有利于权利人的强保护机制，是《与贸易有关的知识产权协定》（TRIPS）能够得到发达国家力推并最终成为具有约束力的国际规则的产业基石。自动禁令例外的出现和发展意味着越来越多的发达国家在对强保护进行调整，跨国公司需求的分化也将对现行国际规则提出新的挑战。

即将生效的多边协定《区域全面经济伙伴关系协定》（RCEP）关于知

识产权章节中的目标和 TRIPS 中的目标已经出现明显不同。TRIPS 的目的在于"促进知识产权有效和充分的保护",权利人和其他各方的利益平衡主要通过反滥用条款实现。RCEP 则在目标中就明确指出,"要平衡知识产权权利持有人的权利和知识产权使用者的合法权益",将当事人之间的利益平衡置于更加显著的地位,这种规定的内在精神与自动禁令例外基本一致。

中国司法曾接受自动禁令例外,但随后放弃。2009 年《最高人民法院关于当前经济形势下知识产权审判服务大局若干问题的意见》接受了自动禁令例外的核心要素,规定如果停止侵权"会造成当事人之间的重大利益失衡,……可以根据案件具体情况进行利益衡量,不判决停止侵权行为"。但 2016 年《最高人民法院关于审理侵犯专利权纠纷案件应用法律若干问题的解释(二)》又摒弃了"当事人之间重大利益失衡"这个因素,仅保留传统因素"因国家利益、公共利益考量,可不判定停止侵权"。

基于 2006—2020 年全国知识产权司法案例的大数据分析显示,2010—2015 年,中国曾出现个位数的适用自动禁令例外的案例,2015 年以后再没有类似案例出现。

随着移动互联、智能制造等新技术领域在中国市场的蓬勃发展以及中国知识产权保护的巨大进步,尽管在中国的制药化工和传统机械制造的跨国公司同在其他区域一样,强烈反对中国接受该制度,认为禁令例外是对知识产权保护的重大削弱,但在中国市场上越来越多的企业和行业开始关注自动禁令例外,最早是电子通信、互联网及智能驾驶领域的外资企业呼吁中国应当采纳自动禁令例外,如今小米、海尔等越来越多的中国企业也开始有类似呼声。

三、多层面进行自动禁令例外的战略设计和制度储备

面对新技术革命对知识产权保护提出的新课题，我国仍需密切跟踪知识产权保护领域发展动向，从多层面进行必要的准备。

从司法解释入手推动我国自动禁令例外制度的确立和完善。自动禁令例外有利于新技术革命产业化在我国的深入发展，有利于我国对国际顶尖技术的获取和应用，并可以在特定情境下为企业使用被封锁的外国技术专利提供理论和制度支撑；但如果使用不当，也可能影响企业创新动力。用司法解释的方式引入，可以根据使用情况以及产业发展相对灵活地探索最适合我国的"利益失衡"判定标准以及经济赔偿等相应救济方式。

持续关注创新及知识产权领域新变化，推动以自动禁令例外为代表的"知识产权保护新平衡"理论及制度体系的丰富与完善。新技术革命以来，除创新速度、频率加快以及行业融合外，研发模式从封闭研发向开放创新模式转变的企业越来越多；无偿开放源代码及专利以增加技术路线竞争力的行为越来越多；自限权利的知识共享协议使用范围也越来越广。这些变化中知识产权的处置均与传统不同，相比于权利的保护，更注重流转、获取及传播，明显体现了新技术革命需要打破知识产权保护原有的利益平衡、建立新平衡的需求。以"新平衡"的思路，从知识产权确权、流转、交易及保护等方面观察各国制度及市场机制的相关变化，推动"新平衡"制度体系的不断丰富和完善。

探索以"新技术革命呼唤知识产权保护新平衡"为理论推动国际知识产权秩序新变革。国际知识产权秩序的建立及调整都以理论为先导。"知识产权保护促进创新"推动了 TRIPS 在全球的确立，"生命权重于知识产权"为修正的 TRIPS、以公共健康为理由限制药品专利权实施的《多哈宣言》的通过打下了理论基础。"新平衡"和现行知识产权国际强保护之间

存在明显差异，西方跨国公司的立场分化将迟滞发达国家推动国际变革的步伐。在科技创新事关我国生存的当下，探索适时以"新平衡"理论在多双边或区域性经济条约的谈判中，提出国际知识产权保护变革的议题，推进有利于创新传播的新变革，可以为我国获取国际领先技术，攻克"卡脖子"难题提供更好的理论及制度支持。

王怀宇

突破核心关键技术需要基础研究支撑 *

在全球保护主义抬头、美西方加大对我国高技术出口限制的新形势下，一些涉及国家安全的战略产业关键技术、核心部件"卡脖子"风险凸显。突破关键核心技术，确保战略性产业安全，必须以夯实基础研究为支撑。

一、关键核心技术攻关应加强基础研究

许多关键核心技术的形成依赖于核心科学问题的突破。例如，航空发动机的核心科学问题是空气动力学、高性能材料设计等，信息技术和空间技术发展得益于量子力学、相对论的突破，癌症药物开发基于基因组学研究等。当前，我国关键核心技术面临许多"卡脖子"困境，主要原因之一是受制于技术瓶颈背后的核心科学问题。例如，芯片升级面临新结构、新材料、新工艺和新算法的科学突破；我国人工智能领域与美国的主要差距在于缺少基础理论和底层基础算法，过度依赖以美国为主的开源框架和数学模型，存在"卡脖子"风险。因此，突破核心关键技术，必须加大基础研究投入。

主要创新型国家重视基础研究与应用需求的衔接。为提高基础研究对

---

    *   本文成稿于2020年8月。

创新的贡献,欧美等国增加了需求导向的基础研究投入。例如,美国国家科学基金会(NSF)提高了需求导向基础研究项目的比例;为促进基础研究与技术创新结合,2020 年美国议员提出了改组 NSF 的议案,建议增设技术学部,增加战略科技研发投入;欧美等国的政府基础研究计划增加了以国家战略目标为导向的跨领域、跨阶段的项目。21 世纪以来,诺贝尔奖中需求导向基础研究成果的比例不断增加,2000—2014 年,理论研究与需求导向基础研究的获奖数量为三七开,50% 以上的诺贝尔奖获得者拥有基于科学发现的发明专利。

我国基础研究薄弱,难以支撑关键核心技术的突破。主要表现为:基础研究支出不足,占科学研究与试验发展(R&D)的比重徘徊在 5%,远低于主要创新型国家。基础研究以跟踪为主,原创性和引领性研究少,不能满足前沿技术创新和突破"卡脖子"技术的需要。基础研究考核重论文数量、轻质量和效果,与产业需求衔接不畅。基础研究投入来源单一,以中央政府为主,企业支出占比不到 3%。国家财政科技计划与基础研究分割,部分科技重大专项的基础研究布局滞后或缺位,难以形成突破创新。战略性产业发展重投资轻研发,重规模轻基础。例如,20 世纪 60 年代我国就开始了半导体集成电路研制,因研发投入少、不持续,处于落后局面。2006 年设立科技重大专项以来,国家增加对大规模集成电路的研发投入,加快了追赶速度,但研发投入仍然不足。

二、我国基础研究与核心关键技术攻关结合的经验

基础研究与关键核心技术攻关结合旨在解决技术瓶颈背后的核心科学问题。多年来,我国在基础研究支撑核心关键技术攻关方面有些成功做法,归纳起来有以下几种模式。

一是聚焦前沿，另辟蹊径。华为在研制 5G 信道编码标准时，识别出极化码作为优秀信道编码技术的潜力，在土耳其 Erdal Arikan 教授的研究基础上加大投入，组织各方力量深化研发。经过数年努力，华为在极化码核心技术上取得了多项原创性突破，打破了美国高通公司对信道编码标准的垄断。

二是突破瓶颈，自主赶超。长期以来，我国通过引进技术本地化实施追赶战略，往往因为"知其然不知其所以然"的科学问题约束，难以跨代发展，陷入"引进落后、再引进再落后"的困境。我国北斗系统是追赶中实现自主创新的典型。20 世纪 80 年代中期，美苏等国正在全球布局 GPS 和格洛纳斯系统，我国专家创新性提出双星定位导航系统的概念，"北斗人"将基础研究与关键核心技术攻关结合，经过多年努力，攻克了混合导航星座设计、播发通道、有源和无源定位一体化、空间环境探测和测试模化、多星座多频率接收机芯片等关键技术，并拥有了多项自主知识产权，形成了全球首个混合星座导航卫星系统，实现了技术和工程自主化。

三是发现发明，攻克难题。例如，为解决医治非洲疟疾难题，我国科学家在多种技术路线中发现了对治疗疟疾有特效的青蒿素，并研制出提取方法，为世界作出了重要贡献。

三、创新组织模式，促进基础研究支撑核心关键技术攻关

面向国家战略需求，增加基础研究投入。从基础研究到产业化应用是一个长期过程，其间有许多不确定性，要遵循科学规律，长期稳定支持。面向国家战略需求和供应链安全，优化基础研究支出结构，加大需求导向基础研究投入，着力解决共性理论和核心科学问题，加强基础研究对关

键核心技术攻关的支持。创新体制机制，多途径增加投入，产学研用协同创新。

加强战略研究，分类凝练科学任务，应用一批、研发一批、储备一批。建立自上而下与自下而上相结合、产学研用相结合的科学问题凝练机制，根据产业技术发展阶段，分类梳理关键技术需要解决的科学问题。一是面向未来前沿技术的科学问题，作为战略储备持续稳定支持。二是面向国家重大战略产品、工程需求，凝练相关科学问题，系统设计、超前部署，为后续技术研发打好基础。三是加强产业供应链安全评估，确定突破"卡脖子"技术所需解决的科学问题，以龙头企业牵头，产学研用联合攻关。四是对重要产业所需关键共性技术，政府和企业合作构建产学研用平台，持续滚动研发。

协调各类科技计划和基金，加强基础研究与技术创新的整体设计和布局，打通基础研究与产业化的通道。增加自然科学基金的需求导向基础研究支出，改进项目遴选和评价机制，配合关键技术攻关需要，超前部署核心科学问题研究，长期滚动支持。科技重大专项和重点研发计划要加大对前期基础研究的持续支持，明确科学研究、技术创新、产业化的定位，分段实施，加强互动；做好滚动计划的衔接，防止"计划到期，资金断档"。引导企业和社会力量支持面向产业需求的基础性研究。扩大自然科学基金与企业的联合基金规模，吸引更多大学、科研机构参与产业需要的基础研究项目。建立战略产业研发基金，支持企业牵头产学研合作的行业共性技术和核心关键技术研发。

改进科技评价和奖励办法。需求导向基础研究的评价不以论文论英雄，应重点评价其对目标的实现程度。改进自然科学基金项目评价和大学科研院所考核机制，实行分类评价，将对支持核心关键技术攻关的贡献作为需求导向基础研究的重要考核内容。目前，我国科学技术进步奖以科技工程项目为主，获奖者大多是工程技术类人才，基础研究人员往往是"幕后英雄"。因此，科技进步奖应鼓励基础研究，在奖项中体现前端基础研究人员的贡献，并予以奖励。

吕　薇

第二篇
数字化转型

数字化转型对生产方式和国际经济
格局的影响与应对[*]

以数字技术为主导的新技术变革正在世界范围内推动生产方式变革，并引发全球生产、投资和贸易格局的深刻调整。尽管这种变革尚处于萌芽状态，还有较大不确定性，但一些趋势性特征已开始显现。本文从技术进步的视角，展望以数字化转型为核心的新技术变革对全球经济格局的可能影响，研判中国在新一轮国际经济格局大调整中的形势和对策。

一、技术革命引发生产方式和国际经济格局变革的机制

尽管生产方式和国际经济格局的变化调整受技术、经济、制度等多种因素影响，但技术进步无疑是最具颠覆性和根本性的因素之一。研究表明，历次技术革命和产业革命的演进，是若干新技术群落（或族群）更替迭代和共同作用的结果。其中，引发生产方式发生重大变化的，往往是少数居于主导地位的技术群落。第一次技术革命以蒸汽动力技术及相关机械制造技术为主导，第二次技术革命以电力技术、内燃机技术及电磁通信技术为主导，第三次技术革命以计算机、微电子、自动控制等技术为主导。本次技术革命的主导技术群落是大数据、人工智能、物联网等新一代数字技术。

---

* 本文成稿于2018年12月。

主导技术群落的更替迭代引发了若干"关键生产要素"[①]的变迁。棉花、生铁、煤炭，钢铁、电力，以及石油、芯片等关键生产要素在历次技术革命中先后形成和更替。当前，新一代数字技术的深度应用催生了海量数据资源，并与新材料、先进制造等技术融合应用，使其成为新的关键生产要素。

新的关键生产要素及其新的组合引发了生产方式的重大调整。从研发、制造到投资、贸易，从产业分工到产业组织形态，新的关键生产要素及其技术体系的大规模应用引发了系统性重构，即生产方式的深刻变革。各个国家和地区的竞争优势也随之改变，逐步形成新的全球创新、生产、投资、贸易和竞争格局。以数据为关键生产要素的数字化转型改变了企业生产经营和资源配置的方式，是新技术革命下生产方式变革和全球生产体系调整的主要方向（见图1）。

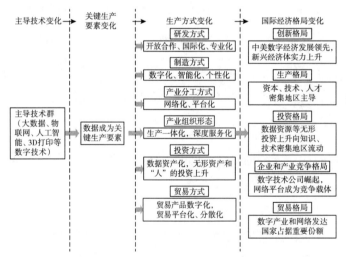

图1 新一轮技术革命对生产方式及国际经济格局影响示意

资料来源：笔者绘制。

---

① 英国经济学家克里斯托弗·弗里曼和委内瑞拉经济学家卡洛塔·佩雷斯在《技术进步与经济理论》中提出了关键生产要素的概念，即社会生产中的一个特定投入或一组投入，它可能表现为某种重要的自然资源或工业制成品，同时具备生产成本持续下降、供给能力几乎无限和应用前景广泛三方面特征。关键生产要素与经济学中常说的生产要素有一定区别，是与主导技术产出对应的、其他产业必需的基础投入要素。

总之，技术革命对生产方式和国际经济格局的影响大致循着"主导技术群更替—新关键生产要素形成—生产方式变革—新国际经济格局形成"这一过程而展开。

二、数字化转型背景下全球生产方式的趋势性变化

数字技术主导的新一轮技术革命引导企业在网络基础上围绕数据这一新的关键生产要素开展生产经营和资源配置，从而推动生产方式向数字化转型，形成新的研发、制造方式和产业组织形态。

（一）网络效应推动平台经济成为重要的产业组织方式

由于网络技术的发展符合梅特卡夫定律，即网络的有用性（价值）随着用户数量的平方而增长，网络用户越多，价值越大。因此，互联网的快速发展使基于网络的平台经济的影响力快速提升。当前，服务业已经形成了平台型产业链，产生了苹果、谷歌、亚马逊、脸谱、阿里巴巴等世界级平台型企业。在制造业领域，工业互联网平台渐成趋势，上下游企业、区域内企业以及生产者与消费者之间的连接越来越广泛，各个产业逐步形成平台型的生产组织格局。

（二）数据驱动促进产业一体化和深度服务化

物联网、云计算和大数据技术的进步大大降低了数据采集、存储、传输、分析的成本，数据流通促进了生产和供应链各环节、各主体的"连接"和"融合"。一是重构专业化分工，部分行业呈现生产一体化程度增强的趋势。例如，增材制造和数字化生产线将原本分散在若干个环节和企业的专业生产过程集成，一次成型。与历次技术革命不断加深专业化分工

的趋势相比，数字化转型背景下新型一体化生产的比重可能上升。二是加快产品和服务创新速度，并推动制造与服务的深度融合。目前一些制造企业已经通过物联网技术为用户提供维护以及其他基于数据的服务，加速了产品和流程创新，并衍生出一些数字化服务新业态。

（三）新一代数字技术推动制造业加速向数字化、智能化、个性化发展

数字技术与先进制造、新材料、新能源等技术融合，推动制造向数字化、智能化方向发展。工业机器人、增材制造等新技术新设备快速应用，大幅提高了制造业数字化、智能化、柔性化、模块化程度。基于大数据、以用户为中心的个性化定制在服装加工、家电制造等传统制造业渐成趋势。制造业的资本密集度和技术密集度不断提高，一些产业链中制造环节的高附加值也开始凸显。

（四）泛在网络推动研发设计向开放合作、国际化和专业化方向发展

全球创新资源在数字化时代的流动性大大提升，创新主体可以在更大的范围内应用知识、创意等创新资源。互联网、物联网的"全球连接"功能为企业组织开展国际研发分工和合作提供了条件。传统封闭、独立、线性化的研发设计模式已经向开放、合作、网络化的研发设计模式转变。例如，波音飞机利用互联网在全球同步开展24小时设计，将设计时间缩短一半。

三、数字化转型对国际经济格局的影响

生产方式的数字化转型将对全球创新、产业分工、价值链、贸易、

投资等带来全面而深刻的影响，国际经济格局中的实力对比可能因此改变。

（一）网络市场规模大、创新环境友好的国家有望领先，新兴经济体创新实力快速上升

由于网络市场价值成为新技术应用的关键因素，数据和知识成为新的竞争力源泉，数字经济在人口基数更庞大、交易数据更丰富的国家更容易得到发展。预计未来 10 ~ 15 年，中美凭借良好的网络市场基础、大规模数据潜力以及更包容的创新环境，数字经济发展有望领先。同时，数字技术革命带来的知识外溢和技术快速迭代效应，为新兴经济体参与新一轮竞争提供了新机遇，创新实力有可能快速上升。

（二）新型制造向资本、人才和技术密集的国家和地区集聚，利用低成本优势赶超的地区面临严峻挑战

制造业的数字化、智能化促使生产过程变得更加技术密集和资本密集。在新的产业分工趋势下，劳动密集型生产环节和产业的发展空间和就业机会将大大减少，传统上通过切入劳动密集环节参与全球价值链分工的发展模式将受到严峻挑战。发展中国家低成本优势将受到较大削弱，建立在人才和技术基础上的新比较优势将更加重要。未来的制造业将更可能集中在人才、技术和资本密集的国家和地区。

（三）投资加速向知识、技术密集程度高的地区流动，劳动密集型地区对资本吸引力下降

进入数字经济时代，依靠互联网平台、电子商务和数字内容提供商等数字基础设施进行生产活动的"数字跨国公司"将迅速增长。由此，全球跨

境投资重点和目标将发生转变，加速向知识和技术密集国家和地区流动。

一是跨国公司投资重点将更倾向于获取数据、人才和技术等智力资源，数据等无形资产投资将快速上升。数字跨国公司在发展中国家寻求市场和资源，而在发达国家或成熟企业中寻求知识（如获取品牌、技术、研发、管理和运营等方面的专业知识）。

二是传统利用发展中国家的低劳动力成本进行生产的投资局面将因机器人、智能工厂等技术的广泛采用而发生扭转，依靠廉价劳动力吸引投资的国家将面临较大压力，投资转向数字化、智能化领域，劳动力素质高的国家和地区会面临更多机遇。

（四）国际贸易面临数字化转型，数字产业和网络发达的国家在国际贸易中占据重要份额

信息通信技术除了降低贸易成本和门槛，从而促进国际贸易持续扩大外，还将推动国际贸易发生如下转变。

一是服务和数字商品贸易逐渐上升，国际贸易将从以实物商品为主转向数字化商品和实物商品并举局面。由于数字技术的快速发展显著提升了服务业的可贸易化程度，并促进了服务业的快速创新发展，因此，全球贸易以实物商品主导的发展趋势正在逐渐改变，数字经济相关的服务贸易快速增长，同时数字化商品越来越多。预计未来10～15年，国际贸易将出现实物商品贸易和数字贸易并举的局面，数字产业发达的国家将在全球贸易中占据重要份额。

二是国际贸易模式也将由传统跨国企业主导的大宗贸易模式向分散化、平台模式转变。随着数字经济的发展，跨境电商等新商业模式兴起并将占据主导地位，一些中小微企业甚至个人可以通过电商平台参与国际贸易，平台经济在国际贸易中发挥越来越重要的作用，货物运输也从大批量

发货向大量小包裹转变。贸易方式的变化为网络发达的国家提供了参与国际贸易的机会。

（五）网络平台成为国家新的关键竞争载体，有利于数字企业发展的国家将占据竞争优势

数字技术应用及双边市场的规模效应将推动平台型企业快速扩张，网络平台也将成为国家竞争实力的重要体现。2007—2017 年，在全球市值居前 10 名的公司中，互联网科技公司从 1 家增长至 7 家。按此趋势预计，基于数字技术的平台组织将成为未来经济社会发展的主角，能够孕育出大型数字企业的国家将在未来发展中占据优势。

总的来看，数字化转型塑造的是一个更加开放和相互融合的全球生产体系，也开启了一个具有高度不确定性的生产变革前景。在新技术革命的驱动下，未来 10 ~ 15 年的产业将拥有更高的知识和技术密集度，对数据的依赖更高。可能性较大的是，拥有知识和技术优势的国家将受益更多，依赖低劳动成本和低附加值生产的经济体将面临后发优势大幅削弱的风险。全球化背景下形成的发展中国家承接发达国家产业转移的趋势可能面临更大变数，后发追赶可能变得更加困难。

四、我国应对数字化转型的政策重点

数字化转型对生产方式、全球价值链和国际经济格局的影响将在未来 10 ~ 15 年加速显现，势必对我国经济发展和产业转型升级产生重大影响。从有利方面来看，我国制造业规模庞大、门类齐全，数字化转型将有利于提高生产效率和产品质量，降低能耗和物耗水平，为创新突破和绿色发展提供了广阔空间。数字化转型也将进一步促进我国企业对数字化、智能化

改造的投资。企业将依靠巨大的数据信息优势和网络市场潜力，有更多机会深度嵌入全球生产和创新网络，提升在全球价值链中的地位。但也要看到，数字化转型引发的产业变革与经济格局调整，将对经济社会带来一系列重大挑战，我们应有充分准备。

第一，积极应对制造业数字化转型的风险和挑战。机器人、人工智能及物联网的深度应用将改变大批量制造和流水线式生产模式，削弱低成本劳动力和规模经济的重要性。本地化、柔性化生产方式将进一步削弱传统产业集聚区的配套优势。数字化转型还将加速高端制造向发达国家回流，降低劳动密集产业的投资，由此可能进一步分流对我国制造业的跨国投资。据此判断，我国制造业的规模、成本和产业配套等传统优势有被大幅削弱的可能，作为全球制造基地的地位可能加速弱化。我国必须加快制造业转型升级步伐，支持企业数字化改造，尤其是龙头企业以及若干重点产业集聚区的数字化转型，带动产业集群升级。

第二，补齐基础技术短板，提高原始创新能力。数字化转型将大大提高经济和产业发展对数字技术的依赖程度，对国家信息安全、技术安全和经济安全提出了更大挑战。原始创新能力不足将致使我国面临更大的技术和产业发展制约。因此，要进一步加强对基础软件、核心芯片等基础性和关键共性数字技术的研发投入和产业化，综合运用产学研合作、财税鼓励政策等手段解决关键软件和系统、关键技术和工艺设备等"卡脖子"问题。此外，要在人工智能、机器人、物联网、量子计算等前沿领域提前布局，加强基础研究和前沿技术研究，鼓励更多市场力量参与。

第三，加快教育改革，促进就业结构升级和灵活就业。数字化转型对传统就业结构和就业方式构成很大挑战。数字化转型将会大量减少劳动密集型岗位和产业的就业需求，对就业产生较大压力和分化。近年来，一些企业在"机器换人""智能工厂"等建设过程中，削减数百名到数千名员工的情况屡见不鲜。随着企业数字化转型的加速，未来10年将可能迎来传统制造岗位削减就业的集中爆发期。这对我国数量庞大的低技能劳动力转换工作技能和再就业形成严峻挑战。从短期来看，应加强对技术和职业培训以及终身教育的扶持力度，支持离岗人员再培训；鼓励多种形式的创新创业，对冲新技术革命下的结构性失业风险。例如，根据人口年龄结构和数字技能需求，支持灵活的工作方式，提高跨领域的劳动力流动性。从中长期来看，要以创新创业教育为抓手加快教育方式变革，培养更多适应未来灵活就业需要的各类创新型人才。

第四，加强数字经济领域国际合作。数字化转型引导世界经济向更加开放与合作的方向发展。在数字技术推动的新一轮技术变革下，全球化和各国经济相互依存的程度将变得更高。我国应凭借数据资源潜力、数字基础设施和商业模式创新等优势，推动数字经济领域的国际合作和协同治理。一是支持数字企业"走出去"。庞大的网络市场规模是数字企业获得竞争优势的前提条件，要积极利用各种双边和多边投资贸易协议，为企业开拓海外市场和利用海外资源提供有利条件。二是加强我国数字产业国际标准和认证体系建设。充分发挥市场引领作用，在网络安全、数据跨境流动、数字贸易、工业互联网等方面积极寻求国际合作。

马名杰　戴建军　熊鸿儒

我国制造业数字化转型的特点、问题与对策 *

我国制造业规模庞大，体系完备，但大而不强。尤其是传统制造业，自主创新能力不强，生产管理效率较低。随着我国制造业成本优势逐步下降，只有不断提高产品品质和生产管理效率，重塑竞争力，企业才能生存、发展、壮大。数字化转型正是提高制造业产品质量和生产管理效率的重要途径。近年来，大数据、云计算、人工智能等数字技术加速与制造业相融合，取得了一定成效，但仍有不少问题需要解决。

一、我国制造业数字化转型的内涵

数字经济是继农业经济、工业经济之后新的经济形态，它以数据资源为重要生产要素，以数字化转型为重要推动力。越来越多的国家把发展数字经济作为推动该国经济增长的重要途径。其中，促进新一代信息技术和制造业深度融合，大力发展先进制造和智能制造，在各国数字经济发展战略中占有重要地位。对于美国、德国等发达国家来说，由于制造业基础较好，数字化水平较高，其数字化转型的重点是网络化、智能化。如德国发展工业4.0，美国推进工业互联网。

我国大部分制造业企业处于较低发展阶段，还需要"补课"。制造业

---

* 本文成稿于2019年4月。

数字化转型，既包括尚处于工业 1.0 和 2.0 阶段的企业通过信息化（数字化）改造实现工业 3.0；也包括少数已经达到工业 3.0 阶段的企业，将大数据、人工智能等技术深度应用于供应、制造、销售、服务等环节，实现工业 4.0，即进入网络化、智能化发展阶段。

二、我国制造业数字化转型的进展与主要问题

我国制造业数字化转型取得了一定进展，但缺乏权威性的数据标准、数据安全问题亟待解决、数据开放共享不够、信息基础设施有待加强、核心关键技术受制于人等问题仍然存在，制约着制造业数字化转型进一步深入。

（一）我国制造业数字化转型的进展

为促进包括传统制造业在内的制造业转型升级，我国不断完善制度环境，制定出台了一系列战略规划和政策措施。近年来，我国制造业数字化水平不断提高，处在产业发展前沿的工业互联网应用不断拓展。

1. 制造业转型升级的制度环境不断完善

2016 年以来，国务院印发《关于深化制造业与互联网融合发展的指导意见》等政策文件，对制造业数字化转型进行了全面部署。工业和信息化部、财政部等部门相继印发《智能制造发展规划（2016—2020 年）》《工业互联网发展行动计划（2018—2020 年）》等规划，明确了制造业数字化转型的具体目标和重点任务。上述文件制定了技术研发、成果应用、重点领域突破、金融、财税、人才、基础设施、质量基础、信息安全、服务平台、国际交流合作、组织保障等方面的支持政策与措施，发挥了明显的推动和促进作用。

2. 数字化改造进展较快，网络化、智能化发展较慢

中国信息化百人会与中国两化融合服务联盟于2016年联合发布的《中国制造业信息化指数》显示，我国制造业整体处于从工业2.0向工业3.0过渡的发展阶段。从实际调研情况来看，相对小企业来说，大企业更接近工业3.0阶段的发展水平。国际数据公司（IDC）发布的《2018中国企业数字化发展报告》显示，我国消费行业数字化程度相对较高，而制造业数字化程度较低，超过50%的制造企业尚处于单点试验和局部推广阶段。

近年来，我国信息化、工业化两化融合发展水平持续上升（见图1）。从细分指标来看，研发、制造、营销等环节的数字化指标值较高，集成互联指标、智能协同指标较低（见表1），这说明制造业信息化（数字化）改造进展较快，而网络化、智能化方面的数字化转型进展较慢。中国信息化百人会披露的数据[①]同样显示，2017年我国生产设备数字化率为44.8%，其中30.9%实现了联网；通用性较高的企业资源计划（ERP）普及率为55.9%，但个性化需求较高的制造执行系统（MES）普及率为20.7%；实现网络化协同研制的企业比例为31.2%。

图1 我国两化融合发展水平

资料来源：工业和信息化部发布的《中国两化融合发展数据地图（2017）》。

---

① 见中国信息化百人会课题组：《数字经济：迈向从量变到质变的新阶段》，电子工业出版社2018年版，第2章。

表1 我国两化融合关键指标

单位：%

指标		整体		大型企业		中型企业		小微型企业	
		2017年	2016年	2017年	2016年	2017年	2016年	2017年	2016年
数字化	数字化研发设计工具普及率	63.2	61.8	82.6	81.4	74.1	72.6	57.0	55.7
	关键工序数控化率	46.4	45.7	56.1	56.1	44.2	43.6	28.9	28.0
	关键业务环节全面信息化的企业	40.3	38.8	60.7	58.9	50.4	48.1	34.3	32.6
	应用电子商务的企业	55.1	54.0	66.8	64.4	59.8	58.9	52.0	51.1
集成互联	实现设计与制造集成的企业	18.8	17.7	36.6	33.5	23.3	23.0	14.8	14.0
	实现管控集成的企业	15.5	14.6	30.7	29.1	20.7	19.6	11.8	11.2
	实现产供销集成的企业	20.0	18.7	42.2	41.0	28.8	27.1	14.1	13.2
智能协同	实现产品全生命周期管控的企业	7.9	7.3	13.8	12.9	9.3	9.2	6.5	6.0
	实现产业链协同的企业	6.6	6.3	12.1	12.0	8.7	8.5	5.2	4.8
	智能制造就绪率	5.6	5.1	14.5	13.7	8.1	7.7	3.6	3.2

资料来源：工业和信息化部发布的《中国两化融合发展数据地图（2017）》。

3. 处于行业发展前沿的工业互联网应用不断拓展

工业互联网是制造业数字化转型的前沿技术应用，已经成为各主要工业强国抢占制造业竞争制高点的共同选择。根据中国工业互联网产业联盟测算，2017 年中国工业互联网直接产业规模约为 5700 亿元，2020 年预计达到万亿元规模。前瞻产业研究院发布的《中国工业互联网产业发展前景预测与投资战略规划分析报告》显示，2017 年中国工业互联网市场规模为 4677 亿元，预计 2020 年达到 6929 亿元。赛迪顾问预测，2020 年中国工业互联网市场规模将达到 6965 亿元。

工业互联网技术主要应用在产品开发、生产管理、产品服务环节。在生产管理环节应用工业互联网技术的企业主攻数字工厂、智能工厂。在产品开发和服务环节应用工业互联网技术的企业致力于开发智能产品，提供智能增值服务。从调研情况来看，在产品和服务环节应用工业互联网技术的企业远多于在生产管理环节应用工业互联网技术的企业。主要应用模式和场景可归纳为以下 4 类：一是智能产品开发与大规模个性化定制，如小米公司围绕小米手机、小米电视、小米路由器开发系列智能家居产品，红领集团建立了数万种设计元素和数亿种设计组合，实现了个性化产品的大规模定制；二是智能化生产和管理，如苏州协鑫公司利用阿里巴巴开发的 ET 工业大脑分析其生产工艺数据，优化了生产流程，良品率提高了 1%；三是智能化售后服务，如三一重工通过对遍布全球的混凝土泵车、起重机、路机等设备作业状态数据进行分析，提示客户对不同部件进行保养，该增值业务已成为企业利润的重要来源；四是产业链协同，如航天云网接入 600 余家单位，对设计模型、专业软件以及 1.3 万余台设备设施进行共享，资源利用率提升了 40%。

工业互联网平台为制造业数字化转型提供支撑服务。工业互联网平台可以分为通用平台、行业平台、专业平台，它们都可以直接为用户提供服务，但更多的是，通用平台为行业平台提供服务，行业平台为专业平台提供服务，专业平台为用户提供服务（见图2）。通用平台处于产业链上游，提供基础的云计算资源能力、数据管理及数据分析能力。目前，我国已有一批工业互联网平台实现了规模化商用。根据中国信息通信研究院的不完全统计，截至2018年3月，各类工业互联网平台数量达到269个，主要应用方向为装备（30%）、消费品（28%）、原材料（21%）、电子信息（12%）。

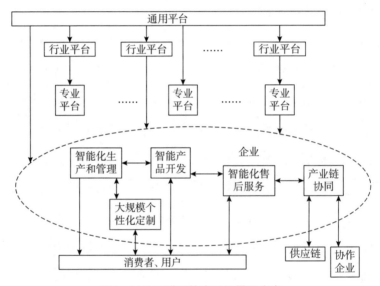

图2　工业互联网的应用场景及生态

资料来源：笔者绘制。

（二）我国制造业数字化转型面临的主要问题

我国制造业数字化转型已经取得了一定成效，但阻碍行业发展的问题仍不少。

缺乏权威的数据标准。制造企业每天产生和利用大量数据，如经营管理数据、设备运行数据、外部市场数据。但是，工业设备种类繁多、应用场景复杂，不同环境有不同的工业协议，数据格式差异较大，不统一标准难以兼容，也就难以转化为有用的资源。目前我国已有全国信息技术标准化技术委员会、智能制造综合标准化工作组、工业互联网产业联盟等多个从事相关标准研发的机构，制定了《国家智能制造标准体系建设指南》（已更新至 2018 年版）、《工业互联网标准体系框架（版本 1.0）》等文件，但具体标准的研制和推广工作刚启动，市场接受度还不高。

数据安全问题有待解决。工业数据的安全要求远高于消费数据。工业数据涵盖设备、产品、运营、用户等多个方面，在采集、存储和应用过程中泄露，会给企业和用户带来严重的安全隐患。数据如果被篡改，可能导致生产过程发生混乱，甚至会威胁城市安全、人身安全、关键基础设施安全，乃至国家安全。云化以后，数据非法访问风险加剧，数据安全风险持续加大。虽然有各种安全措施，但"道高一尺、魔高一丈"，各种信息窃取、篡改手段层出不穷，技术上并不能确保数据安全。此外，惩罚措施尚不到位，不能给予数据窃取、篡改者足够的威慑。

数据开放与共享水平尚需提高。随着数字经济发展，企业对外部数据的需求呈现不断上升趋势，包括产业链上下游企业信息、政府监管信息、公民基础信息等，将这些数据资源进行有效整合才能产生应用价值。在社会数据方面，对哪些数据可以采集并独享、哪些数据能采集但必须共享、哪些数据不能采集，还缺乏详细规定。

核心关键技术能力不足，信息基础设施建设有待加强，制造业数字化转型的基础相对薄弱。关键工业软件、底层操作系统、嵌入式芯片、开发工具等技术领域基本被国外垄断。我国能够生产的工业传感与控制产品多集中在低端市场，高端产品依赖进口。控制系统、平台数据采集开发工具等领域的专利多为外围应用类，缺少核心专利。信息基础设施供给能力显著增强，但发展不平衡矛盾依然突出，5G 建设需求依然迫切。

对就业的挑战将比电气化时代更为严峻。从工业 2.0 发展到工业 3.0

对就业的影响并不明显，更多的是提升效率和增加反应灵敏度。但从工业3.0发展到工业4.0，人类劳动在很大程度上将被人工智能替代。在电气化时代，随着生产效率大幅提高，剩余劳动力可以转入服务业；但在数字经济时代，人工智能、机器人等技术不断成熟，重复性劳动很容易被替代，这种替代同时发生在制造业和服务业，从而形成更为严峻的就业压力。

三、促进制造业数字化转型的政策建议

数字化转型是制造业自身发展需求，多数问题应由市场解决，也可以由市场解决。但是，发展环境的改善需要政府积极推动，如加强数据安全监管、构建必要的基础设施。另外，由于制造业数字化转型具有正溢出效应，政府应适度介入，如通过政府采购加以引导、支持重大关键技术攻关等。

完善支持鼓励政策，促进制造业数字化改造。通过技改贷款贴息、搬迁补助、职工安置补助、加速折旧、产业引导基金投资等方式支持、鼓励企业数字化改造。通过政府购买服务等方式鼓励中小企业与服务平台合作，引导中小企业通过"上云"提升数字化水平。通过试点示范，培育工业互联网平台，鼓励、支持优势企业提高工业互联网应用水平，推广网络化协同制造、服务型制造、大规模个性化定制等新模式、新业态。

促进工业数据标准制定与应用，促进数据的开放共享。引导行业组织、企业研究制定工业数据的行业标准、团体标准、企业标准。梳理现有国家标准，适时将成熟的行业标准、团体标准上升为国家标准。加强标准体系与认证认可、检验检测体系的衔接，促进标准应用。加快公共数据开放进程，促进数据资源的高效利用。明确企业可以采集哪些数据，可以独享使用哪些数据，哪些数据属于公共数据必须共享给相关部门，防止

公共数据成为少数企业谋取私利、垄断市场的工具，保障数据采集合法、规范。

加强数据安全保护体系建设。强化工业数据和个人信息保护，明确数据在使用、流通过程中的提供者和使用者的安全保护责任与义务。加强数据安全检查、监督执法，提高惩罚力度，增强威慑力。严厉打击不正当竞争和违法行为，如虚假信息诈骗、倒卖个人信息等。引导、推动行业协会等社会组织加强自律。

加强核心技术攻关，夯实技术基础。加大对通信、网络、人工智能、核心器件、基础软件等领域的技术研发资助力度，加强底层操作系统、嵌入式芯片、人机交互、工业大数据、核心工业软件、工业传感器等核心技术攻关。增加企业牵头的科研项目数量。完善政府采购制度，加大采购力度，从需求侧拉动技术发展，帮助新技术、新产品进入市场。

围绕制造业数字化转型要求，增强信息基础设施支撑能力。为适应数字经济时代对信息基础设施的要求，现有信息基础设施仍需加强普遍服务。此外，数字工厂、智能工厂对信息基础设施的要求远高于消费互联网，如要求高速率、大容量的信息传输，实时控制精度要求有时会达到毫秒级，现有4G网络无法满足。现阶段，基于明确需求和应用场景的5G建设在工业领域可以适当加快，但不建议为了宣传和显示度全面推进5G建设。

加强国际合作，提高参与度，提升国际影响力。当前，美国、德国正在合作探讨工业互联网参考架构（IIRA）和工业4.0参考架构模型（RAMI4.0）的一致性，最终可能形成统一的架构。我国应发挥产业门类齐全、市场规模大、数据资源丰富等优势，与包括发达国家在内的世界各国深入合作。引导行业组织在国际合作方面进一步发挥作用。

与再就业培训、社会保障体系筹规划。制造业数字化转型将大幅提高企业的智能化水平，从而可能显著减少普通就业机会。同时，知识、技能不能适应数字工厂、智能工厂要求的劳动力也难以适应数字化的服务业。有关部门应及早谋划，做好预案，通过技能培训、提供公益性岗位等方式化解压力，同时发挥社会保障体系的作用。

沈恒超

参考文献

[1] 司晓，孟昭莉，闫德利，李刚，戴亦舒. 互联网+制造——迈向中国制造2025. 北京：电子工业出版社，2017.

[2] 马化腾，孟昭莉，闫德利，王花蕾. 数字经济——中国创新增长新动能. 北京：中信出版社，2017.

[3] 赵西三. 数字经济驱动中国制造转型升级研究. 中州学刊，2017（12）.

[4] 中国信息化百人会课题组. 数字经济：迈向从量变到质变的新阶段. 北京：电子工业出版社，2018.

释放数据市场潜能需"明规则、优监管、促服务"*

加快培育数据要素市场是深化要素市场化配置改革的重要内容，是充分激发数字经济新动能的关键举措。在探索建立统一规范的数据管理制度过程中，要抓紧解决"数据交易范围不明确，流通利用规则不清晰，交易监管缺失"三大问题，促进数据市场"合规、有序、活跃"发展。

一、数据交易服务新业态有效促进了我国数据市场的发展

数据交易不同于一般要素交易，具有原始资源价值含量低、合规成本高等特点，通常需通过加工处理、分析挖掘等增值服务实现价值。一方面，除少数情况外，原始数据资源大多难以直接使用，需经过加工处理、分析挖掘并结合特定场景形成数据产品或服务，才能产生应用价值。另一方面，由于数据可能涉及个人信息、商业秘密或国家安全信息，交易过程需遵守相关权利保护规定，这使数据交易对专业性和合规性要求非常高。数据供需双方直接交易的情况较少，大多依托第三方交易平台或机构进行。

经过近年来的试点探索，我国数据市场得到了初步发展，产生了一些从事"交易中介＋加工分析"服务的新业态，有效促进了数据交易流通。

---

　　* 本文成稿于2020年6月。

我国拥有的数据量居世界第一^①，数据交易市场发展潜力巨大。早些年，一些第三方服务企业提供直接的数据撮合交易，但由于原始数据直接应用价值低、个人数据不能直接交易等原因，数据交易效率不高、范围有限。近年来，一些新兴机构和企业^②通过数据聚合、融通、去识别处理、分析挖掘等新型服务方式，针对需求对数据资源进行开发利用，在交易效率提高的同时降低了安全风险（见表1）。我国司法实践也明确了企业对基于合法获得数据形成的数据衍生产品享有财产性权益，促进了数据服务业的发展。

表1　我国数据交易服务的主要模式

服务模式	适用场景	典型案例	存在的风险或问题
数据直接或经一般处理后流通	限于非个人数据	气象数据、交通数据	风险较低
数据匿名化处理后流通或加工分析	涉及个人数据等	大数据产品	处理和使用规则不明确

资料来源：笔者整理。

二、释放数据市场发展潜能需消除三大障碍

数据交易范围不明确，市场主体"难把握什么能交易"。我国现有法律法规没有明确哪些数据可交易，也没有明确是否在匿名化（移除可识别个人信息部分且不会再被识别）处理后可交易。由于数据交易的法律依据缺失，企业对数据交易非常谨慎。如一些拥有大量数据资源的互联网龙头企业以自己开发利用数据为主，不敢进行数据交易。从国外经验来看，欧盟、美国和日本等发达国家鼓励非个人数据流通应用。对于个人数据，欧

---

① 资料来源：国际数据公司（IDC）于2019年发布的《数字化世界——从边缘到核心》白皮书、《IDC：2025年中国将拥有全球最大的数据圈》白皮书。
② 包括大数据交易所，如贵阳大数据交易所、上海数据交易中心，目前全国已有约20家；新创立的第三方企业，如美林数据、聚合数据等；一些互联网企业，如京东万象、中国电信天翼开放平台等。

盟、日本规定企业在保证数据处理透明性、保护隐私等前提下，可以在匿名化处理后进行市场化利用；美国则要求企业进行去身份识别并结合风险评估后应用。

数据流通利用规则不明晰，交易参与方"不清楚怎么交易"。目前，我国尚未制定专门的数据流通利用法律法规，数据流通利用的条件和规范等规则不明确。相对而言，欧盟制定了《非个人数据自由流动条例》和《欧盟非个人数据自由流动条例的实施指南》，为欧盟境内的商业数据处理活动提供了明确规则和操作指南。美国的数据流通和使用须遵守《2018年加州消费者隐私法案》和《健康保险携带和责任法案》（HIPAA）等法律。在我国，尽管《中华人民共和国网络安全法》对个人信息使用作了"经过处理无法识别特定个人且不能复原的除外"等规定，但"经过处理""无法识别""不能复原"等语义概念存在模糊性和不确定性，界定标准缺位，在实践中难以执行。

数据交易监管缺失，交易中出现问题"不知道谁管"。数据交易需要政府适度监管，以确保交易合规。在国际上，美国主要由联邦贸易委员会（FTC）依据《公平信用报告法》《联邦贸易委员会法》对数据经纪人及其交易标的进行监管，重点包括交易的公平性和透明性、是否涉嫌欺诈，以及数据主体的知情权、删除权是否得到保障等。欧盟的欧洲数据监管局和成员国数据监管机构负责数据交易监管，监管部门采取自愿认证方式，设立了一批从事数据处理监管的第三方专业机构，授权专业机构对数据处理者进行监控，以规范数据服务市场。我国数据交易涉及市场监管、公安机关、工业和信息化以及网信等多个部门，但由于监管责任不清，系统性和专业性不足，数据交易监管事实上处于缺位状态。市场准入、交易纠纷、侵犯隐私、数据滥用等"无人管理"，非法收集、买卖、使用个人信息等"灰""黑"数据产业长期存在，数据交易市场秩序不佳。

三、"明规则、优监管、促服务"，推动数据市场良性发展

应在总结各地实践探索的基础上，充分考虑数据交易的独特性，坚持"在实践中规范、在规范中发展"的原则，建立全国统一的数据交易法律法规和监管框架，积极培育数据服务新业态，推动我国数据市场快速健康发展。

一是明确数据交易范围，扩大"合法、可交易"数据的源头供给。目前，国际上对数据产权归属问题存在较大争议，各国对数据财产权是否成立以及属于什么样的财产权都没有明确规定。尽管法律没有明确数据控制者的权利，但也未禁止其拥有和享用其利益。各国实际上都没有采取传统的"先明晰产权，再发展交易"的模式，而是在规范数据采集、处理、隐私和安全保护等行为的基础上，明确数据交易对象，提供可交易的数据源，优先实现数据的合法交易。我国可借鉴欧美经验，将"来源合法的非个人数据"作为可交易对象，为市场提供充足、合法、可交易的数据源。"非个人数据"包括组织、物和事件的数据，以及经过处理后无法识别特定个人且不能复原的数据等。

二是明确数据交易规则，让市场主体"依规交易"。制定数据流通利用管理办法，明确数据保存、转移、去识别处理、再识别、再转移限制等规则，以及数据处理"无法识别特定个人且不能复原"的法律标准，为数据合规安全交易提供支撑。明确数据交易各参与方的权利、责任和义务，保障数据流通安全和使用可控，做到"责任可追溯、过程可控制、风险可防范"。建立全国统一的数据标准体系，包括数据主体标识[①]、数据维度、数据使用约束等。

---

① 可以直接识别或直接联系唯一数据主体的数字编码或字符串，简称ID。

三是明确数据交易监管机构，保障数据市场"有序交易"。建议明确数据交易主要监管部门及其监管的法律依据和职责范围；对数据交易服务机构或平台进行监管，对数据交易行为和应用进行规范化管理；建立数据流通利用和交易侵权的维权投诉机制，打击非法数据交易。

四是积极培育数据服务新业态，推动数据市场良性发展。支持和鼓励现有区域性交易平台发展数据服务，成为兼具技术、信息安全和法律保障等功能的数据交易服务专业机构。在加快政府数据开放的过程中，鼓励以专业化的数据服务机构作为开放出口或平台，以实现数据价值的社会化利用和数据安全的机制化保障。将数据服务业纳入现有高新技术企业、科技型中小企业优惠政策的支持范围，引导政府参股的创投基金适度增加对数据服务的投资。支持各类高职院校开设数据服务相关专业或培训课程，培养数据服务人才，为数据交易提供人才支撑。

戴建军　田杰棠　熊鸿儒

夯实数据质量，深入推进政府数字化转型 *

政府数字化转型是以政府主要业务的数字化为基础，通过推进技术融合、业务融合、数据融合，不断优化组织架构，提高政府透明度和行政效能，切实转变政府职能，构建开放、高效、整体性的数字政府。但政府数字化转型仍面临一些突出问题，亟须在夯实数据质量基础上，抓好数据的"放、通、用"。

一、做好"一数一源"采集，不断夯实基础数据质量

长期以来，由于数据分散在各个部门和行业，且缺乏统一的数据标准规范，数据地址标准不一致、缺少关键字段、字段内容不对应，以及数据更新不及时等情形时有发生，直接影响了基础数据的质量。调研发现，数据采集经常出现"一数多源"现象，类似婚姻情况、家庭信息等数据，许多部门在实际业务中重复采集，民政、公安、法院等部门之间数据缺乏相互印证，容易导致数据打架。一些地方虽然实现了基础数据"一数一源"，但由于与应用主题的关联性不强，数据没有按需得到充分利用，相关数据的实际可用性不高，部分基础数据还处于"休眠状态"。

还应看到，有些部门对数据的重视程度不够，造成了部分历史数据

缺失，主要集中在 2008 年以前。因此，必须加快推进政府数据标准规范编制工作，制定政府数据资源分类分级制度，使标准规范与数据库信息无缝对接，数据库字段与标准规范的数据元无一例外对应。与此同时，大数据主管机构要会同有关部门做好历史缺失数据的补充采集，本着"以补代责"原则，采取积极补救的方式夯实基础数据的质量。在此基础上，结合国家数据资源目录体系建设，进一步完善政府基础数据的及时更新与管理机制。

二、完善法律政策框架体系，逐步推动政府数据开放

政府数据蕴含着巨大的经济和社会价值，其开放程度与政府透明度紧密相关。从国际比较来看，我国政府开放数据在全球排名相对靠后。据2017 年发布的"开放数据晴雨表"[①]（Open Data Barometer）显示，在全球115 个被评估的国家中，中国排在第 71 位。据了解，中央政府对社会开放的数据仅限于企业信用、投资项目、宏观统计等数据信息，对地方政府的开放主要以纵向部门业务系统形式存在，地方在申请国家有关部委数据时还面临许多障碍。比如，有些部门作为基础数据的采集单位，规定上传系统自身不能存储数据，在实际办理业务中调用数据需要履行烦琐的审批手续。

当然，政府数据开放不是无条件的，要把握好数据开放的程度和方式，有效兼顾社会需求和信息安全。对电子证照、电子签名、文件加密等涉及信息共享的业务要不断完善相关法律法规。在此基础上，重点推

---

① "开放数据晴雨表"是由万维网基金会（World Wide Web Foundation）于2013年首次推出，对各国开放数据进行评分。2017年评估的政府数据库达到1725个。该报告的评估维度和建议充分吸收了《开放数据约章》（International Open Data Charter）提出的6项开放数据准则。

动国家部委数据的有序开放，切实从数据开放与交换机制上予以解决。

三、坚持标准与技术并举，着力实现条块数据贯通

目前，市县一级的审批服务部门与国家、省级系统对接进展比较缓慢，跨层级、跨区域、跨部门数据共享与交换尚未彻底解决，其中跨层级数据对接困难较大。究其原因，主要是由于数据缺乏统一规划设计，国家数据标准出台滞后致使不同政务信息系统和业务领域之间的建设标准不一致，从而导致不同建设时期的系统格式无法对接。随着政务系统国家标准的出台，今后新建的业务系统能够有效解决系统对接融合问题，但对于不同层级已有自建系统的数据如何实现贯通，还有赖于借助技术手段创新。

四、注重应用端设计人性化，不断拓展数据应用场景

数据应用既要为基层工作人员提升行政效率服务，也要为政府决策提供辅助支持。总体而言，大数据在推动政府决策超前性、准确性和科学性方面的应用还处于探索阶段，政府部门的宏观数据与反映市场主体动态的微观数据之间联结性不强，辅助政府决策的智能化水平不高。数据应用场景缺乏以用户为中心的人性化设计，系统交互感不佳、移动终端众多，多通整合需求非常强烈。比如，在"一窗受理"过程中，在线填报电子表单的设计不合理，企业在线登记的基础信息仍需多次填写，电子证照的互通互认范围有限。从改善政府公共服务角度来看，一方面，要进一步优化数据应用端，无论是政务服务网、"一窗受理"平台，还是各种移动终端、

App，需要在界面设计、模块开发、传送效率等方面体现人性化，更好满足不同层次用户的操作需要；另一方面，要加快推进"大数据＋公共服务"，重点关注智慧养老、智慧教育、智慧社区、智慧旅游等领域的数字化转型应用。

龙海波

分类确定数据权利，促进数据安全自由流通 *

数字技术革命正在推动数据① 成为新的生产要素，清晰的数据权利界定是充分利用这一要素的前提。2017 年 12 月，习近平总书记在中共中央政治局就实施国家大数据战略进行第二次集体学习时提出，要制定数据资源确权、开放、流通、交易相关制度，完善数据产权保护制度② 。为促进数据这一新生产要素的流通和交易，实现数据价值的最大化，推动我国数字经济发展，亟须加快推进数据确权工作。

一、数据权利界定的难点

数据权利之所以难以界定，在于数据权利与其他有形或无形物的产权存在较大差异，具体体现在以下几个方面。

（一）数据权利具有多样性，不同类型数据在权利内容上存在差异

数据按照产生的主体可以分为：个人数据、商业数据和政府数据③ 。

---

* 本文成稿于2019年4月。

① 数据更多指信息存在的形式，信息强调的是数据表达的内容，两者有所区别，但使用中通常将两者等同。由于不影响内容表达，本文对数据和信息的概念不作过多区分。

② "习近平：实施国家大数据战略加快建设数字中国"，新华网2017年12月9日。

③ 国务院2016年印发的《政务信息资源共享管理暂行办法》称之为政务信息资源，是所有与政务办公有关的信息集合，包括公共企事业单位数据，本文按国际惯例称之为政府数据。另一个概念为"政府信息"，根据《中华人民共和国政府信息公开条例》，政府信息主要指行政机关面向公众公开的最终性信息，内部管理信息和过程信息不在其列。

个人数据指与个人相关、能够识别个人身份的数据，政府数据指政务部门履职过程中获取或制作的数据，商业数据主要指商业机构运行中获取或生产的数据。政府数据和商业数据中涉及个人特征的数据，也属于个人数据。对于自然人、政府和企业这三类数据权利的主体来说，权利内容有所不同。除均具有财产权属性外，个人数据可能包含姓名权、隐私权等人格权的内容，具有人格权属性。因此，个人数据权利包括人格权和财产权。政府数据通常被认为属于公共资源，公众享有知情权、访问权和使用权。商业数据则包含企业的知识产权、商业秘密和其他合法权益等。数据权利内容通常还会随着应用场景的变化而变化，甚至衍生出新的权利内容，致使事先约定权利归属变得很困难。

（二）数据生产链条包括多个参与者，权利需要在各参与者之间进行划分而引发界定困难

与其他财产不同，数据的全生命周期存在多个参与者（数据主体、数据收集者、数据处理者等），每一个参与者在各自环节都对数据价值作出了贡献。大多数情况下，数据产生价值需要数据收集，处理者对数据进行采集、处理和分析，数据主体对于数据的各项权利需要数据收集、处理者的支持才可有效行使。因此，赋予某一参与者专属的、排他性的所有权不可行，数据的各类具体权利分属不同参与者，需要在各参与者之间进行协商和划分。

（三）数据与传统普通物的所有性质不同，无法将所有权绝对化

数据可以低成本复制，不像实物资产那样具有天然的排他性。尽管企业可以通过技术手段保护相关数据不受第三方侵犯，使数据为其"所有"，

但这种"所有权"与一般民法所指的所有权（对财产享有占有、使用、收益和处分的排他性权利）含义不同，不是一种绝对的完全所有权。对于通常意义上的所有权，所有权人几乎完全拥有占有和使用该物的权益。但数据权在数据的全生命周期中有不同的支配主体，且权利人需承担更多的责任和义务，不仅要对数据泄露、数据侵权等事件承担责任，也需要在日常数据的收集和处理中履行相应义务。

二、国际上数据权利界定的做法及发展趋势

在大数据时代，各国高度重视数据蕴含的价值，根据新形势对数据权利界定作了一些新的规定，以促进数字经济发展。总体而言，各国对数据实施分类管理，既对个人数据提供有效保护，又最大限度地发挥数据对社会经济的潜能。

（一）明确政府数据的公共属性，政府拥有使用和管理权以及向社会开放的义务

大多数国家将政府数据视为一种公共资源。一方面，通过立法赋予政府对政府数据的使用、管理、许可等权利。如美国宪法第 2320 条规定，政府有权使用其资助的合同和分合同项下的项目或过程中的数据，以及将数据向外部公开并允许外部人士使用。另一方面，明确政府开放政府数据的责任和义务，以及公众的使用权和义务。一些发达国家从 2009 年开始推动政府数据开放，明确了数据开放的形式、要求等，以及公民获取和使用政府数据的各项权利和使用要求。

（二）针对非个人商业数据推动建立数据产权，鼓励数据生产和流通

对于非个人商业数据，一般默认由数据生产者拥有。但鉴于数据的特殊性，欧盟认为明确其产权对于规范市场和交易意义重大。2017 年，欧盟发布了《构建欧洲数据经济》，提出了针对非个人的和计算机生产的匿名化数据设立数据生产者权利，鼓励（涉及公共利益时强制）公司授权第三方访问其数据，促进数据交流和增值。数据生产者权利是指设备的所有者或长期用户（如承租人）基于收集和分析处理等操作，对非个人数据享有的使用和许可他人使用，并防止他人未经授权使用和获取数据的权利。

（三）明确个人数据权利内容，确保个人信息安全

原始个人数据一般默认归个人所有，通常无须另行规定，也有个别国家作出明确规定。如美国联邦通信委员会于 2016 年发布的《宽带互联网消费者隐私政策》规定，由宽带互联网接入业务所产生的数据归消费者所有。由于个人数据表现出了人格权属性和财产权属性，各国根据新形势赋予新的个人数据权利，提供兼具人格权和财产权的保护。如欧盟议会于 2016 年通过的《通用数据保护条例》赋予个人的数据权利包括数据访问权、数据纠正权、被遗忘权、限制处理权、可携带权、自主决定权以及拒绝权 7 个方面。2018 年 6 月，美国加利福尼亚州议会通过的《加州消费者隐私法案》为消费者创建了访问权、删除权、知情权、拒绝权等数据权利。

（四）区分个人数据人格权和财产权，推动匿名化数据应用

为了促进个人数据利用，一些国家规定个人数据经过匿名化处理

（移除可识别个人信息部分且不会再被识别）就成为非个人数据，允许在某些风险较低的情形下使用匿名化数据。目前，欧盟、美国、日本等允许企业在承担保证透明性、隐私风险评估和保护等责任前提下，对个人数据匿名化处理后进行市场化利用。欧盟《通用数据保护条例》规定匿名化数据不属于个人数据，机构可以自由处理匿名化数据。美国《健康保险携带和责任法案》（HIPAA）规定，对于不可识别身份的个人健康信息可以被应用或者披露。日本 2015 年出台的《个人信息保护法》修正案允许企业在确保数据不能实现身份识别、不能复原的情况下可以出售匿名化数据。

（五）规范个人数据跨境流动管理，推动非个人数据自由流动

当前，美国主张数据自由流动，欧盟注重数据跨境流动所涉及的个人隐私保护，而大多数发展中国家则推行数据本地化政策。总体来说，数据跨境流动呈现出如下趋势。

一是规范个人数据跨境流动，保护个人隐私。各国和各地区对解决在个人数据跨境流动中，如何保护个人隐私提出了多种解决方案。2011年，在亚太经济合作组织框架下，美国主导提出了跨境隐私规则体制，对企业采取认证模式，经过隐私保护认证的企业之间可以无障碍跨境传输个人信息。欧盟《通用数据保护条例》提出了向境外传输个人数据的条件，包括要求第三方国家或国际组织对个人数据和隐私的保护程度与欧盟相当等。日本《个人信息保护法》修正案规定数据控制者转移个人信息到境外需要获得个人同意，或该国具有与日本标准相当的数据保护体系或数据保护标准。

二是消除非个人数据本地化限制。尽管欧盟要求跨境转移个人数据需

满足相关规定，但对于非个人数据，则推动废除成员国不合理的数据本地化存储要求。2018 年 10 月，欧洲议会审议通过了《非个人数据自由流动条例》，制定了旨在废除欧盟各成员国的数据本地化要求、促进专业用户数据迁移的有关规则，以确保非个人数据在欧盟内可以自由流动。

（六）赋予监管机构为履职获取数据的权利，确保数据的公共利益优先

为保护公共利益，各国通过法律赋予了监管机构履行职责所需的信息收集权。美国 2015 年出台的《网络信息安全共享法案》规定，企业在必要时需根据国土安全部的要求共享信息，当用户控告企业的此类行为侵犯公民隐私权时，企业可以豁免。欧盟《非个人数据自由流动条例》规定，公共部门可以访问欧盟任何地方存储和处理的数据，并进行审查和监督控制。德国、英国也在相关法规中赋予了国家安全机构获取企业数据的权利。

三、我国数据权利界定现状

我国对数据权利的界定仍处于探索中，相关情况如下。

（一）默认政府数据为公共资源，但缺乏政府和公众对数据权利、责任和义务的规定

我国相关法规默认政府数据为公共资源并要求推动其开放。《中华人民共和国网络安全法》第 18 条规定，促进公共数据资源开放。国务院发布的《政务信息资源共享管理暂行办法》对政务信息资源的共享和无偿使用作出了规定，但未明确政务信息资源的权属。一些地方政府采取将政府

数据界定为国家所有的方式进行管理，如福建省政府于 2015 年 2 月通过的《福建省电子政务建设和应用管理办法》将政务信息资源界定为国家所有，其他如汕头等地也作出了类似规定。缺乏对政府和公众对政府数据权利、责任、义务的相关规定，导致公共数据开放滞后。

（二）法律能对部分商业数据提供财产权利保护，但未赋予数据权利

现有的《中华人民共和国著作权法》《中华人民共和国反不正当竞争法》《中华人民共和国合同法》等法律体系能够对部分商业数据提供财产权利保护，已有司法实践采用《中华人民共和国反不正当竞争法》的一般条款对数据成果进行保护，明确数据开发者对于其开发的大数据产品享有独立的财产性权益，未经许可获取数据并无偿使用数据的行为，构成不正当竞争行为。但是，现行法律法规尚未赋予商业数据明确的权利，一些商业数据权利难以得到保护，如知识产权难以保护缺乏独创性的数据；数据库侧重于保护开发或构建数据库的投资，更多的是保护"库"，而非数据；《中华人民共和国反不正当竞争法》重视对行为的规制，但没有对数据权作出确认和设置。

（三）从人格权角度对个人信息进行保护，对个人数据权利保护不全面、强度不高

我国现行的法律法规主要是从人格权角度对个人信息进行防御性保护，并未将自然人对个人数据的权益规定为一种绝对权，导致保护强度不高。《中华人民共和国民法总则》[①] 第 110 条列举了自然人的生命权、身体

---

① 《中华人民共和国民法总则》已于2021年1月1日废止。

权、健康权、姓名权、肖像权、名誉权、荣誉权、隐私权、婚姻自主权等作为绝对权的人格权和身份权之后，只是在第111条规定："自然人的个人信息受法律保护。任何组织和个人需要获取他人个人信息的，应当依法取得并确保信息安全，不得非法收集、使用、加工、传输他人个人信息，不得非法买卖、提供或者公开他人个人信息。"表明个人信息虽然受法律保护，但并未作为绝对权而享受积极保护。

（四）网络安全法为个人数据匿名化应用预留了空间，亟须相关实施细则

我国当前法律法规既严格保护个人数据，也为数据利用预留了空间。我国禁止个人数据交易，2017年10月开始实施的《中华人民共和国民法总则》规定不得非法买卖、提供或者公开他人个人信息。《中华人民共和国网络安全法》也作了相同规定，但其第42条规定"经过处理无法识别特定个人且不能复原的除外"，这为个人数据进行匿名化处理并开发利用留出了一定余地。但目前缺乏具体实施细则，导致在实践中企业难以操作。

（五）采取数据本地化和跨境安全评估方式进行数据跨境流动管理，面临难以与国际接轨的矛盾

我国数据跨境流动管理制度正在形成过程中，《中华人民共和国网络安全法》规定以数据本地化为原则对数据跨境传输采取安全评估措施，与国际跨境数据流动管理机制存在较大差异。我国对数据跨境传输管理范围宽，要求严格。而欧美则主要强调对个人数据跨境传输进行规范，并且采取"对等适当性"（即双方个人隐私保护水平相当即可）、"认证"等"一揽子"解决方式，对个案自由裁量权小。

四、分类确定数据权利，促进数据安全自由流通

为抓住大数据发展的战略机遇，建议按照人格权保护优先、以价值贡献为重要依据、个人权益保护和产业发展利益平衡三个原则，分类确定数据权利，建立一个安全、自由的数据流通环境，促进数字经济发展。

（一）明确政府对政府数据管理使用的权利、责任和义务以及公众的使用权利和义务，有效推动公共数据开放

将公共数据设定为国家所有的模式，尽管有利于避免各部门以自己投资建设为由将信息资源视为本部门资产，却容易导致公众使用权利难以落实。因此，需通过法规明确政府对政府数据的管理、使用权利，保护和开放的责任和义务，以及公众对政府数据的使用权利和义务，使政府和公众对公共数据的权利均有法可依，权责利清晰且更具可操作性，有效促进政府数据最大化安全开放。

（二）赋予非个人商业数据生产者所有权，促进商业数据流通应用

尽管非个人商业数据事实上由数据生产者控制，但数据权利的不确定性妨碍了大数据产业的发展，也成为数据共享的主要障碍。法律可以明确规定数据相关生产者对合法收集或制作的非个人数据享有所有权，以鼓励数据企业收集、存储和利用数据，促进数据的流通应用。多个主体共同生产的商业数据共同拥有。

（三）明确自然人的个人数据权利，加强个人数据权利保护

将现行法规对个人数据作为人格权保护内容拓展到个人数据权利，赋

予自然人个人数据权利，并明确权利内容。个人数据权利的内容包括信息可携权、知情权、选择权、修改权、删除权、求偿权、被遗忘权等。同时，对个人各项权利的行使及数据控制者的责任等作出具体规定，确保个人数据权利保护落实到位。

（四）允许数据控制者对匿名化数据享有限制性所有权，规范企业数据利用

尽管我国法律法规为数据匿名化处理应用预留了空间，但由于涉及个人隐私这一重要因素，仍需法规以"正面清单"方式对数据权利应用作出明确规定，才能推动数据的进一步流通、应用。可赋予数据控制者对个人数据进行匿名化处理后的数据的所有权，并承担相关风险责任，以激励企业在保护个人信息的前提下开发数据价值。匿名化处理的基本原则是确保处理后无法识别个人身份信息且无法被恢复。同时，建立个人数据匿名化利用的法规体系和标准，确保数据规范流动。

（五）加强跨境数据流动管理制度接轨，通过隐私机制和安全例外实现数据主权

为发展我国数字经济，与世界主要市场国家和地区的跨境数据流动规则接轨不可避免。可借鉴欧盟规范个人数据流动、推动非个人数据自由流动的方式，在数据跨境流动管理中进一步将数据区分为个人数据、涉及国家安全和公共安全的数据、其他数据，通过隐私机制规范个人数据管理，允许非个人数据自由流动，同时将安全作为数据流动的例外规定，基于此来保护数据主权。

（六）规范监管部门为履职获取数据的权利和要求，确保数据监管合理有效

为保障公共利益，需要明确监管部门获取数据的权利，规定公共部门可访问国内任何地方存储的数据，并进行审查和监督。鉴于实践中存在多头管理、政府部门对企业报告数据的要求不明确、公共部门对个人隐私保护不到位等问题，应同时明确监管部门获取数据的条件、程序和具体要求，并减少重复报送，避免监管部门滥用获取数据的权利。

戴建军　田杰棠

参考文献

[1] OECD. Innovation policies in the digital age. OECD Science, Technology and Innovation Policy Papers，November 2018, No. 59.

[2] 李爱君. 数据权利属性与法律特征. 东方法学，2018（3）.

[3] 丁晓东. 什么是数据权利？——从欧洲《一般数据保护条例》看数据隐私的保护. 华东政法大学学报，2018（4）.

[4] 王融. 明确界定数据产权推动建立大数据交易规则. 中国征信，2015（12）.

[5] 曹建峰，祝林华. 欧洲数据产权初探. 信息安全与通信保密，2018（7）.

[6] 曹建峰，王一丹. 欧盟新法案促进非个人数据自由流动. 腾讯研究院，2017.

[7] 曾娜. 政务信息资源的权属界定研究. 时代法学，2018（4）.

[8] 崔丽莎. 大数据权属及保护制度研究. 搜狐网，2017-11-08.

[9] 黄宁. 数据本地化的影响与政策动因研究. 中国科技论坛，2017（9）.

借鉴欧盟《通用数据保护条例》 加快推进我国个人信息保护立法 *

我国数字经济蓬勃发展、成效显著，但也暴露出数据滥用、隐私泄露、网络诈骗等一系列数据安全问题。立法中既要借鉴欧盟《通用数据保护条例》（GDPR）的成熟内容，又要理解我国与欧盟的国情差异，在立法上兼顾隐私保护、数据安全与产业发展，并留出与国际规则接轨的空间。

一、对 GDPR 的争议集中在个人赋权、产业发展和数据跨境流动三方面

多数欧盟国家长期具有尊重和保护个人隐私的传统，其数据立法一直坚持个人数据作为基本权利进行保护。GDPR 的出台，既是为应对大数据时代公民隐私权利和数据安全所面临的新挑战，也是在其"单一数字市场"战略框架下推动数据立法体系统一、促进数据流动安全与高效、探索引领全球数据治理新规则的重大举措。与旧的"95 指令"① 相比，GDPR 立法增加了透明性、权责一致原则，强调"更强保障、可执行的个人权利和独立监管机构"，在适用范围、数据主体权利、数据控制者和处理者义

---

* 本文成稿于2019年12月。
① 1995年《关于涉及个人数据处理的个人保护以及此类数据自由流动的指令》。

务、跨境传输机制以及处罚条款等方面有很大突破，其个人数据权利清单及治理规则正在影响越来越多的国家。实施一年多来，引发了超过 20 万起投诉案件、高达 5500 多万欧元的巨额罚款，彰显出其威慑力。不过，围绕 GDPR 的争议主要在以下三个方面。

一是对数据主体新增加的"被遗忘权"①和"数据可携带权"②存在争议。"被遗忘权"有助于加强个人数据自决权和赋予数据控制者更多责任，但受到概念模糊、难以行使、威胁言论自由和公众知情权、阻碍创新等质疑。"数据可携带权"旨在平衡数据流动的自由和管制，增进个人信息控制权，但同样存在适用范围不明、加剧经营成本，与反竞争法冲突、引发恶性数据竞争等问题。这些争议背后都源于网络用户（数据主体）、企业（数据控制者和处理者）以及各国政府之间不同利益诉求的激烈博弈。目前来看，这两类新设权利在实际执法中难以实现，尚未在各国立法中被广泛采用。

二是对实施效果是否有利于数字经济创新发展存在争议。一方面，支持者主要是欧盟成员国的监管部门和从事网络安全服务、数据保护的咨询机构。他们认为：GDPR 强化了个人信息自决权和数据控制者责任义务、增强了消费者信心，有利于提升数据安全水平、降低网络安全风险和促进监管体系与技术发展协调。另一方面，反对者主要是网络平台及跨国企业，还包括部分美国政府官员和智库。他们强调：过严的保护要求大幅增加了合规成本，引发过度监管、消耗执法资源，更加剧了对创新的阻碍（特别不适应大数据、人工智能等新技术应用），还可能保护垄断，压制中小企业及数字市场活力。这类争议的背后，折射出个人数据保护与产业发

---

① GDPR第17条规定，数据主体有权要求控制者无不当延迟地删除其个人数据，包括：不再必要、撤回同意、数据主体反对、被非法处理以及根据法定义务必须删除等情形。

② GDPR第20条规定，数据主体有权以结构化的、机器可读的形式获取其已向控制者提供的个人数据，或要求其个人数据从一个控制者直接传输给另一个控制者。

展需求之间的"价值困境"。

三是对适用范围的"长臂管辖"以及"原则禁止、例外允许"的数据跨境传输规则存在争议。GDPR 大幅扩展了管辖范围,从过去的"属地"向"属人"转变[①]。这种"长臂管辖"不仅加剧了欧盟辖区外企业的合规成本,更凸显出欧盟试图主导个人数据保护国际标准的战略意图。GDPR 规定除极少数例外,欧盟境内的个人信息只允许流入欧盟认可的能够提供"充分保护"或"适当保障措施"的国家或地区。截至 2019 年 7 月,通过上述认定的国家和地区仅有 11 个(即"白名单")。未通过的他国企业只能采用欧盟委员会批准的一系列标准数据保护条款,或采取"有约束力的公司规则"[②]并获得认证后,才能跨境传输数据。总之,欧盟要么以充分性认定制度作为约束他国的条件,增强其在国际经贸谈判以及利益博弈中的地位;要么以一系列标准合同或行为准则作为约束他国市场主体的机制,强化其规则不可规避性。

二、对我国个人信息保护立法的建议

GDPR 实施的效果及其争议为我国立法提供了镜鉴,宜"择其善者而从之,其不善者而改之"。我国个人信息保护立法应平衡政府、个人和企业之间的诉求,顺应技术发展和社会变革的需要,设计激励相容的治理机制,在确保足够威慑力的前提下最大限度地促进产业创新和社会发展。

第一,采纳"合法公平透明""权责一致"等基本原则,但对"知情

---

① GDPR第3条规定,无论数据处理行为是否发生在欧盟,凡是设立在欧盟境内的控制者或处理者均适用;设立在欧盟境外的控制者或处理者只要处理了欧盟境内数据主体的个人数据,也同样适用。

② 参见GDPR第47条,列出了欧盟境内的公司集团内部或从事共同经济活动的公司集团之间在传输个人数据时应遵守的保护政策。

同意"等原则应审慎对待或适度修改。GDPR 新增加的透明性、权责一致原则值得借鉴，不仅弥补了过去正当、必要等原则的不足，还考虑了监管可行性，明确了数据控制者相应的举证责任。不过，对于 GDPR 提出的最小必要、目的限制等原则[1]，应明确相应的数据范围，否则可能抑制发展。知情同意原则的要件应更强调尊重用户主观意愿，赋予更灵活的解释，如放松知情要求、放宽同意解释。收集个人非敏感数据可采取"退出同意"模式[2]。

第二，不宜直接移植"被遗忘权""可携带权"等权利，界定个人信息保护范围应兼顾各方需求。欧盟引入"被遗忘权""可携带权"等概念，既与其数据保护法制传统有关，也与限制他国数字企业发展有关。考虑立法基础和发展模式差异，我国不宜简单移植。是否设立某种权利应兼顾个人权利、公共安全和经济社会需求，这有赖于一套激励相容的治理体系而非简单移植。仅强化个人信息自决权可能降低用户与企业间的信任与共赢。对个人信息应准确区分一般信息和敏感信息，并明确相应权利条款，适当增加适用豁免情形。

第三，平衡权利保护和产业发展，在客观评估成本收益的基础上明确数据控制者和处理者的责任义务。首先，应明确区分个人信息的控制者和处理者，促使责任义务公平划分。其次，责任划定应考虑个人信息价值、合规成本以及规制效率等因素，可根据信息类别、企业规模、数据处理量级与频次等设定差异化要求。还应在考虑现实和未来需求的基础上适当降低数据收集的要求，同时强化数据利用过程的透明度，加大违法惩处力度，确保充分告知和安全事件报告义务。

---

[1] GDPR第5条规定，个人数据处理应充分考虑处理目的与处理活动间的相关性，在满足充分性基础上以数据最小化处理及利用为原则，不得超过处理目的至必要限度。

[2] 即Opt-out模式，指将数据处理的初始决策权交由企业，提供用户选择退出的权利。

　　第四，设立符合国情的数据跨境传输规则，促进国际协调与合作。GDPR 所确立的充分性认定、标准条款及认证等规定虽有争议，但为平衡数据流动和隐私保护、国家安全提供了参考。我国应尽快设立符合国情的数据跨境流动规则，可根据个人信息保护状态及对等原则，建立"白名单"机制，健全数据保护的技术标准、认证或安全评估机制。同时，专设"个人信息保护的国际合作"条款，明确与第三国管辖权或规则冲突的解决机制，争取与主要国家签订标准互认的框架协议，并积极参与相关国际规则的制定。

熊鸿儒　田杰棠

数字贸易规则的关键议题
国际态势与改革建议 *

数字技术驱动的新一轮科技革命和产业变革掀起了全球范围内的数字经济浪潮，数字贸易在国际贸易中的地位越来越重要。促进数字贸易发展的制度框架及规则体系是国际贸易领域最重要的新兴议题，也是各国对WTO改革最为关切的问题之一。

一、建立数字贸易制度框架需关注的主要议题

数字贸易一般指依托数字技术实现的产品或服务的跨境交易。广义而言，既包括通过数字形式交付的产品或服务，如软件、音视频等；也包括数字技术支撑或驱动的贸易形式，如跨境电商。数字贸易既涉及服务贸易，又涉及货物贸易；既包含ICT（信息与通信技术）产品和服务，又覆盖ICT与其他经济部门融合应用的部分。总体来看，数字贸易相关国际规则至少包括六个议题。

（一）跨境数据流动

跨境数据流动对于促进数字创新、增进消费者福祉和经济增长效率

---

* 本文成稿于2020年11月。

至关重要。但随着流动规模扩大，诸如隐私保护、数据安全以及数字主权等方面的潜在威胁出现，很多国家对不受限制的数据流动所带来的不良后果感到担忧，纷纷加大了监管力度。由于多数国家未采取基于风险收益平衡的方法来监管数据，受严格监管的跨境数据流动范围被不断放大。为此，如何在促进有序流动和保护公共利益之间取得有效平衡，并建立一套具有国际共识的数据流动规则，成为当前多边贸易体制改革的重要议题。

（二）数字产品或服务的税收

重塑数字贸易中的国际税收规则已被各国提上议事日程。一方面，跨境电商快速发展，对现行海关监管体系准确监测货物流向和货量货值带来挑战，引发关税损失以及与传统贸易的规则冲突等问题。对于数字化产品贸易本身，是否征收关税也存在争议。另一方面，数字贸易的蓬勃兴起也带来了跨国间税权划分与利润归属的难题。如何防止税基侵蚀和利润转移，是许多国家征税机构和征税制度面临的重大困扰。

（三）数据及相关设施的本地化

数据是数字经济时代的关键生产要素和战略资源，与一国产业发展、隐私保护、国家安全及国际贸易等关系紧密。云计算、大数据、人工智能、区块链等新兴数字技术大幅弱化了数据存储地理位置分布的约束，使数据的采集、传输、存储和处理使用分散在不同国家。由于现阶段不同国家在数字经济发展水平、数据管理目标优先序以及文化价值认同等存在显著差异，这使数据（设施）本地化成为一个关键议题。数据本地化必须以设施本地化为前提，而设施本地化不一定强制禁止数据出境。目前，国际上争论的重点是数据本地化。

（四）数字贸易业务的市场准入

在现行 WTO 框架下，数字贸易的市场准入规则主要涉及电信业务市场开放承诺表、电子商务业务准入规则，尤其是新兴起的云计算业务[①]。当前，云计算已成为承载各类应用的关键基础设施，具有广泛应用空间和巨大增长潜力。由于云计算既利用了电信资源（CT），也利用了计算资源（IT），属于融合型业务。因此，如何界定云计算的业务属性并制定配套准入规则，成为数字贸易规则博弈的重点领域。

（五）数字知识产权保护

数字知识产权保护规则的复杂性远高于一般实物产品。例如，电子传输的书籍、音乐和其他数字化信息可以下载和复制，创造有形的商品，而数字技术允许高质量的大规模复制。娱乐产品在互联网上的合法跨境销售受到版权、许可和其他一系列法律问题的影响。目前 WTO 框架下的货物和服务贸易规则主要是针对通过互联网传送和接收文本或其他数字化信息这一过程，但对下载后如何处理这些数字信息并没有明确规定。

（六）跨境电子商务便利化

跨境电子商务已成为全球贸易活动的新增长点，依赖于互联网基础设施、物流基础设施、海关程序和数据法规等外部环境不断改善。提升跨境电子商务便利化水平，是各国关于电子商务和数字贸易向 WTO 提交的 70 多份提案中共同关心的主要议题之一，主要涉及电子合同及电子传输、电子签名、无纸化通关等问题。

---

① 云计算业务主要是将分散的服务器、存储设施和软件资源等通过网络集中起来，并以动态按需的方式向用户提供弹性计算服务。

二、数字贸易规则面临的新形势新挑战

近年来，一些国家或地区制定了各具特色的本地规则，不同国家间也签署了双边或诸边规则，多边协商和谈判也在积极进行中。不过，在关键议题上的国际态势与主要分歧需高度重视，这将直接影响全球数字贸易制度框架的建立。

（一）跨境数据流动的共识规则缺位，碎片化风险大

从国际层面来看，尽管 WTO 框架下已规定了一些相关条款[①]，但由于《服务贸易总协定》（GATS）诞生于互联网发展早期，对跨境数据流动可能的影响和隐患认识有限，规则远未充分。一方面，针对旨在实现在线内容管理以及保护隐私、公共道德和防止欺诈而进行的跨境数据流动或信息传递限制，现实中难以在其"例外条款"中找到具体解释，也未形成共识。另一方面，GATS 对于其他部门的跨境数据流动，如视听服务、计算机和相关服务及广告服务等数字贸易重要形式，也未给予明确说明。

从区域层面来看，双边或诸边协定在数据流动规则上正陷入碎片化。多哈回合贸易谈判的搁浅，使很多国家放弃多边平台，转而寻求双边或诸边平台，以推动局部的跨境数据流动。目前主要涉及两种方案：一种是以美国为代表的"自由主义"模式，支持由行业驱动的多个利益攸关方进行共治的数字贸易框架，如《全面与进步跨太平洋伙伴关系协定》（CPTPP）[②] 和《美墨

[①] 一是《服务贸易总协定》（GATS）中的金融附件、电信附件等都对信息传递作了相关规定，二是 GATS 中的第 14 条规定了对处理和转移个人隐私记录和账户等的例外情况。该协定同时还要求这些措施必须符合第 14 条起首部分的规定，即该措施的使用方式不会导致任意或不合理的歧视或对服务贸易的变相限制。

[②] CPTPP 第 14 章"电子商务"条款对跨境数据流动进行了几个方面的规定：要求各方允许跨境数据流动、禁止数据本地化，同时也允许各缔约方为实现公共政策目标而"采取或维持"与该协定其他规定不一致的措施，但规定该措施不得以构成任意或不合理歧视的方式实施，或对国际贸易构成变相限制。

加三国协议》（USMCA）①。另一种是以欧盟为代表，在自由贸易与隐私保护等敏感领域监管之间寻求平衡的"干预主义"模式。这体现在欧盟出台或签署的一系列文件中，包括《通用数据保护条例》（GDPR）、日欧"经济伙伴关系协定"（EPA）、美欧"隐私盾协议"②，以及欧盟提交给 WTO 的电子商务提案③。上述两种治理方案之间尚无有效的妥协方案，其他国家态度也千差万别④。实际上，不同治理方案背后都是复杂的政治经济考虑，关乎谈判主导国经济社会和技术水平，对隐私、网络安全、消费者保护以及意识形态等问题的敏感程度，对跨境数据流动产生的成本收益权衡。

（二）各国在数据本地化措施上持不同立场

一方面，诸多区域协定原则上都禁止数据（设施）本地化。如，CPTPP 第 14.13 条提出了"禁止要求将计算设施本地化来作为市场经营条件"，但允许各国为通信安全与机密要求或实现合理公共目标，而采取例外措施。USMCA 第 19.12 条直接禁止将计算设施放置于一国境内或使用一国境内计算设施的本地化要求，无任何例外条款。欧洲议会也规定，任何成员国不得限制组织选择存储或处理数据的地理位置，除非基于公共安全事由⑤。

另一方面，许多国家纷纷立法对特定领域提出"数据（设施）本地

---

① USMCA基本上也延续了CPTPP中对跨境数据流动的有关规定，同时还承认各缔约国在授权个人数据出境方面以《APEC隐私框架》（CBPR）作为保护标准，更加体现了美国高度自由化的数据监管理念。

② 2020年7月16日，欧盟法院（CJEU）裁定美欧数据跨境转移机制"隐私盾协议"（Privacy Shield）无效；欧盟标准合同条款（"SCC"）继续有效。

③ 这些规则或协议的核心主张包括两个方面：一是明确要求各方承认个人数据和隐私保护是一项基本人权，并采取或维持其认为恰当的个人数据保护措施，包括制定和采用个人数据跨境转移规则；二是在个人数据受到有效保护的情况下，对跨境数据流动的自由化水平反而要高于美式标准。

④ 例如，日本既获得了欧盟的充分性认证，又认可基于国际框架的认证体系下的跨境数据流动规则，如亚太经合组织（APEC）的隐私框架（CBPR），使它能与美国等展开实质性的合作。而印度、印度尼西亚和南非等国家，则在跨境数据流动上明确摆出了排斥的立场。

⑤ 详见欧盟2019年5月通过的《非个人数据在欧盟境内自由流动框架条例》。

化"相关规定。例如，美国是禁止数据（设施）本地化的坚定倡议者，但对税务、电信、科技等关键部门，仍然依靠专门立法设置了数据（设施）本地化的要求。俄罗斯立法要求收集和处理俄罗斯公民个人数据的所有运营者需存放在俄罗斯境内数据中心。越南在 2019 年 1 月 31 日生效的《网络安全法》中设置了要求数据本地化的条款。土耳其在 2019 年 2 月 12 日发布对 e–SIM 技术 [①] 施加数据本地化要求，且要求相关设施在土耳其境内运营。

（三）各国对云计算服务的分类和准入存在分歧

美欧和部分发展中国家对于云服务的分类界定存在分歧。例如，美国 2011 年、2014 年两次向 WTO 提交提案，均认为云计算应当属于计算机相关服务，不应当纳入电信服务管理，要求其他成员国放松其市场准入要求。这主要是因为在 WTO 业务分类中，"计算机相关服务"包含了"数据处理服务"。但部分发展中国家对云服务按其业务形态进行细化分类管理，其中属于电信服务的部分，实行严格管理。例如，马来西亚、南非将基础设施即服务（IAAS）视为电信服务，软件即服务（SaaS）中一部分也被视为内容服务，并采取许可管理。

（四）欧美对数字知识产权保护诉求较多

美国在其主导的区域贸易协定中积极助推其对数字知识产权规则的利益诉求。例如，在 USMCA 中有关数字贸易知识产权规则谈判中，美国直接以 CPTPP 为起点并作出了一系列深化，在多边和诸边层面谋求扩展适用符合自身诉求的知识产权规则。这包括：将"开放源代码禁令"扩充适

---

① 指一种手机卡，方便用户切换网络。

用于除大众市场软件之外的基础设施软件；将"算法""密钥""商业秘密"新增至"开放禁令"列表；强化"互联网服务提供商"在数字知识产权保护上的责任。类似地，欧盟也于2019年4月修订了其实施近20年的版权法，推出了《单一数字市场版权指令》，谋求与其GDPR有关个人信息保护的规则衔接。该指令专门新增了"在线内容分享平台的特殊责任"（第15条）以及"链接税"（第17条）等条款①，在版权人、权利人组织、互联网企业等利益相关方之间引发争议。

（五）各国对跨境电商便利化有共识，但需明确规则

各国在促进跨境电商便利化议题上共识相对较明显，但现有WTO规则对电子合同、数字交易以及贸易便利化措施等内容缺乏明确说明。例如，对于跨境电商中涉及的电子传输本身，是否应该将它视作一项单独的服务贸易，并适用GATS的各项规则，目前尚未明确。针对跨境电商中的海量小单品零售交易，各国采用的监管规则各不相同，在通关流程和关税适用上也有不同考虑，但普遍处于加严态势，主要表现是下调对个人物品的认定门槛。此外，现行的货物分类制度已不适用，但对数字产品或服务的分类尚未达成明确共识。若把数字产品视为服务，适用GATT规则，将导致同一商品的实物形式和电子形式适用不同贸易规则。

三、推动建立数字贸易全球规则的改革建议

中国已是数字经济发展大国，支持各国在WTO框架下开展数字贸易

---

① 前者规定，新闻出版商有权与新闻聚合者如互联网企业、搜索引擎、社交媒体等进行授权许可谈判，内容原创者有权分享新链接所产生的额外收入——被称为"链接税"。后者规定，互联网公司要对上传到其网站的内容负责，要使用过滤器对涉嫌侵权的内容进行筛查，如果没有及时制止，就要对侵权行为负责——被称为"上传过滤器"。

新议题、新规则谈判，寻求广泛共识，促进数字贸易在全球范围内高质量发展。

（一）支持 WTO 在解决跨境数据流动问题上的核心地位

一是鼓励成员建立隐私保护的境内规制，解决数字经济环境的"信任赤字"问题。确保数据目的地国不会不当使用在其国内存储或处理的数据，增强数字生态系统的可信度。各国的数据保护框架应以国际规范为基础，鼓励 WTO 成员间加强规则协调。二是建立基于风险考虑的跨境数据流动规则。遵守 GATS 关于适用例外情况时的规定，并进行广泛和复杂的法律分析，考虑限制措施的技术可行性以及是否有替代方案也能达到同等安全和隐私水平的程度等。三是确保数据监管的透明度，为企业的经营活动提供明确的指引。四是建立固定的机制来确保网络安全的国际合作，并鼓励成员采用国际标准和最佳做法，以保证对不同国家的适用性。五是注重对发展中国家的能力培养，给予发展中国家必要的特殊和差别待遇，向缺乏数据监管能力的发展中国家和最不发达国家提供技术援助，体现多边规则的包容性。

（二）建立鼓励创新、兼顾公平的数字税收规则

一是以短期、适度的税收优惠鼓励数字经济和贸易创新。对于跨境电商涉及的货物产品，在一定时期内给予税收减免；对于低货值物品，可以免除关税。对于音视频、软件等数字化形式的产品或服务，在短期内不征收关税。二是兼顾传统贸易与数字贸易税收的公平性。在数字贸易发展趋向成熟时，按照税收中性原则，统一征税标准。改革和完善现行税收法规、政策，补充数字贸易适用的税收条款或制定新税法，建立符合数字贸易需要的税收征管体系。三是减少各国间的利润转移和税基侵蚀。针对数字经济和

数字贸易特点，探索建立新的税收标准和征税框架。支持通过 WTO 等平台协商数字税国际规则，建议各成员在多边基础上分配和协调征税权。在各国尚未达成数字税规则共识的情况下，尽量从轻课税或缓期征收。

（三）建立以保障网络安全为基础的数据本地化规则

一是支持 WTO 采取开放、透明、包容、灵活的方式，组织开展与数据流动和本地化管理有关的电子商务议题规则研究、讨论和协商制定工作。二是加快协商制定数据管理规则，尤其要尊重发展中成员享受特殊和差别待遇权利，照顾发展中成员的利益诉求和重点关切，兼顾各成员健全数据管理与兼顾促进产业发展、加强个人隐私保护等政策目标的平衡。三是支持发达国家分享在数据（设施）本地化管理上的立法进展、技术措施和能力建设等，增进政策透明度、公正性和可预见性。四是支持以务实和寻求共识为导向，对数据进行分级分类评估管理，允许各国从维护国家安全、保护个人数据隐私和保护商业秘密出发，对安全风险等级不同的数据，依法公开采取不同的本地化监管框架要求；对于开展数字贸易必需的数据类型，可探索放宽数据（设施）本地化要求，为重塑多边体系树立信心。

（四）在市场准入方面尊重各国关切

一是充分认识数字技术驱动的新业务具有创新活跃、迭代频繁、业态多变等特征，不宜按照正面承诺清单管理模式对其予以事前归类和施以规则要求。二是支持 WTO 组织力量厘清发展成熟、形态固定、各方认识趋同的业务类型，界定其业务特征、分类方法及准入监管指南。三是保障发展中成员的发展利益和安全利益，充分考虑到各国发展阶段差异、新兴业务的安全挑战、监管能力和手段差异，尊重成员利用市场准入机制保障网络主权、数据安全、隐私保护的关切。四是支持 WTO 充分发挥市场力量，允许通过技术标准、行业自律等手段来推动云服务提供商规范经营行为，为数字贸易发展营造良好的环境。

（五）合理保护数字知识产权

一是坚持跨境电子商务涉及销售需要知识产权许可的产品和服务原则。明确知识产权在跨境电子商务和信息通信技术环境下的适用性，明确数字贸易交易的是所有权还是使用权。二是支持各国提高著作权法等法律的执法效率，提高执法过程及结果的透明度，消除程序障碍和地方保护主义。三是反对单方面过度保护，支持各国在加深认识数字知识产权侵权新形势的基础上，通过协商沟通制定完善数字知识产权保护规则。

（六）积极促进数字贸易便利化

一是各国应以非歧视和易获取的形式公布相关程序和所需文件，并明确规定行业标准，提高透明度。例如，质量认证，软件应用，加密技术、协议和硬件设备的兼容性以及内容标准等。二是确定普遍认同的电子签名和认证方法，推动各国电子签名和电子认证互认，并根据发展中成员和最不发达成员的现状予以特殊或差别待遇。三是在海关与跨境电商交易方、邮政服务企业和跨境电商之间建立电子信息交换机制，加强通关便利化。对 B2C 交易建立全球统一、简易、分档征收的海关进口税收征管体系，并就退货、通关、检疫提供更简化的程序。四是将构建单一窗口纳入正式谈判范围，并通过规则确定下来，增进政府间、平台间的互认安排，对信息进行分类和过滤。五是加强各国电商企业信用信息开放共享，加大对跨境失信违规行为的监管协调。

熊鸿儒 马 源 陈红娜 田杰棠

提出数字税议题"中国方案"宜早不宜迟[*]

随着全球数字经济的蓬勃发展,大型跨国互联网企业注册地与实际服务发生地不一致的情况越来越突出,由此产生了比传统行业更加突出的跨区域避税问题,导致许多国家提出要改革国际税收规则,以减少税收损失。当然,其背后还包括数字经济大国竞争等复杂因素。我国作为一个数字经济新兴大国,应尽快研究提出数字税议题的"中国方案",主动参与国际税收新规则制定。

一、数字服务税已成为数字经济时代国际税收规则改革的前哨

数字税问题之所以引发全球性关注,根本原因在于数字经济的快速发展给传统税收征管模式带来了巨大的冲击和挑战。跨国互联网企业与传统企业不同,它们无须在某国设立实体性机构提供产品或服务,而是通过在线交易的方式提供服务并获取利润,然后选择在其他税负较低的国家纳税,这就带来了利润创造地和征税地错配的问题,导致市场所在国流失了税收收入。据欧盟统计,互联网公司在欧盟平均税负为9%,而传统行业

---

* 本文成稿于2020年3月。

企业的税负则高达 20% ~ 25%①。自 2013 年以来，经合组织（OECD）和二十国集团（G20）就已经开始关注这一问题。欧盟委员会、G20 财长和央行行长会议于近两年先后提出了"显著数字存在"（SDP）框架、"双支柱"计划等有影响力的方案建议。

由于全球性数字征税改革方案尚未达成广泛共识，一些国家为了保护自身利益提出了数字服务税（DST）方案，作为临时性补偿措施。数字服务税是以企业向"本土用户"提供某些数字化服务所获得的收入为课征对象的新税种。考虑到起征门槛较高，其实质就是对大型跨国互联网企业在本地境内发生的在线服务活动征税。据不完全统计，截至 2020 年 3 月，全球已经或即将开征数字服务税的国家共有 6 个，此外还有若干国家提出了议案或意向。目前，各国方案按照课税对象范围从宽到窄可以分为三类：一是欧盟版提案，课税对象是在线广告、在线中介与数据销售；二是土耳其、英国方案，课税对象是搜索引擎、社交媒体平台和在线市场；三是奥地利等国方案，仅对在线广告收入征税（见表1）。

表1　全球开征数字服务税情况

国家	税率	课税范围	起征点	实施时间
法国	3%	在线中介、在线广告、销售用于广告目的的用户数据	全球收入7.5亿欧元且国内收入2500万欧元	2019年1月1日起追溯性适用，但在美国征收报复性关税威胁下同意暂停征收直至2020年12月
意大利	3%	在线中介、在线广告、销售用户数据	全球收入7.5亿欧元且国内收入550万欧元	2020年1月
土耳其	8%	在线服务（包括内容销售以及社交媒体网站上的付费服务）	全球收入7.5亿欧元且国内收入2000万里拉	2020年3月

① 数据来自欧盟委员会调查数据，参见：刘方、杨宜勇："如何应对单边数字税对我国跨国数字企业的冲击"，《中国投资》2022年第1期。

续表

国家	税率	课税范围	起征点	实施时间
英国	2%	搜索引擎、社交媒体平台、在线市场	全球收入5亿英镑且国内收入2500万英镑	计划于2020年4月实施
奥地利	5%	在线广告	全球收入7.5亿欧元且国内收入2500万欧元	2020年1月
印度	6%	在线广告	单笔应税交易额超过10万卢比或在一年之内的一个付款方向同意收款方支付的应税交易总额超过100万卢比	2016年6月

资料来源：笔者根据公开信息整理。

这些国家开征数字服务税的动机包括明、暗两个方面。明的方面是防止互联网企业通过转移利润来侵蚀本国税基；暗的方面则意在数字经济领域的大国竞争，通过高门槛征税降低外国大型企业竞争力，保护和培育本土互联网企业。

二、我国暂不宜开征数字税，但应提前研究未来开征的条件和原则

从短期来看，通过引入数字服务税来主张税收管辖权的现实需求并不迫切，暂不宜开征数字服务税。主要原因在于，目前我国互联网企业主要用户和市场都在国内，同时国外互联网企业在我国业务比例也比较低，对税基侵蚀和利润转移尚未产生显著影响。在这种情况下，通过增值税、营业税、企业所得税等征收手段可以确保数字经济领域税制结构和税率大体保持在合理水平。如开征数字服务税，对跨国公司影响不大，反倒会加重国内互联网企业税负，不利于企业创新发展和经济社会数字化转型，也不符合当前减税降费的宏观政策基调。从中长期来看，随着外资开放领域逐

步扩大和互联网企业"走出去"的步伐加快，存在税基侵蚀的可能性，应提前研究未来开征的条件和原则。一方面，在对外开放不断扩大的背景下，未来跨国互联网企业有可能逐步进入我国，利用我国巨大消费市场获取收入和利润，可能对我国税基产生侵蚀。另一方面，我国互联网企业也将逐步拓展海外业务，同样存在着将纳税向低税率国家转移的可能性。应当看到，数字化带来的国际税收规则调整已经成为各国共识，我们无法回避。因此，应在维护本国利益、促进数字经济发展壮大的原则下，提前研究国际税收协定谈判中的税基划分问题，做好国内税法与国际税收规则的衔接工作，积极应对数字经济带来的税制挑战。

三、积极参与诸边和多边协商，提出数字税议题的"中国方案"

经济数字化对国际税制改革影响深远，数字税已成为数字贸易诸边和多边谈判中的核心议题之一。应综合考虑国际影响和我国数字经济企业的发展诉求，研究提出数字税议题的"中国方案"，主动提升在国际数字贸易和税收规则制定中的话语权。

一是坚持多边协商原则，积极参与诸边和多边谈判。支持通过 G20、WTO 平台协商数字税国际规则，建议各成员在多边基础上分配和协调征税权。在诸边谈判中准确把握相关国家和地区产生税制分歧的阶段性背景，加强与欧盟、美国及一些新兴经济体的税制合作与协调，主动参与到数字税国际立法的进程中。

二是原则上认可数字服务税的合理性，但主张除税基侵蚀因素外还应考虑社会福利原则。目前国际上对数字税征收主要依据的是"税基侵蚀及利润转移"（BEPS）分析框架，此外还应深入分析经济数字化对社会总福利的影响。数字经济发展一方面确实对市场所在国税收有影响，另一方面也为当地带来了消费者免费服务、加快中小企业数字化转型等数字经济福利，这也是相关研究和行业实践的共识。我们可就数字贸易活动对各国消费者福利、产业创新及融入全球数字价值链的影响开展研究，并与潜在的税基侵蚀影响进行比较分析，提出有新意、于我有利的主张。

三是主张在各国尚未达成数字税规则共识的情况下，尽量从轻课税或缓期征收。虽然 G20 财长和央行行长会议已在原则上提出了方案建议，但对于如何确定征税的"统一方法"还未形成共识。在这种情况下，我们应主张从轻课税或者缓期征收原则，避免因单方面课重税引发国际纠纷，同时就数字税中的企业与市场国实际联系规则、市场国利润分配规则等具体细节加强国际协调。

四是同意并提倡合理的"安全港"制度。英国的数字服务税方案设置了透明、易操作的"安全港"制度，低利润率或亏损企业可以选择以营业利润为基准的计税方式，享受较低税率。由于互联网企业在成长过程中往往处于亏损状态，这种制度既能保证税制公平合理，又有利于企业创新。

田杰棠　熊鸿儒　龙海波　张　鑫

数字经济时代反垄断规制的主要挑战与国际经验 *

数字经济时代的平台垄断问题，对竞争政策特别是对超大型数字平台的反垄断规制而言，其挑战是全球性的。近年来，从国际到国内，监管部门最重要的关切就是现行反垄断政策能否适应数字化时代的新特点、新要求，维护数字市场的良性竞争，在有效保护消费者权益、增进社会福利的同时也确保创新生态的持续繁荣。正如 OECD 竞争委员会主席 Frederic Jenny（2018）所言：当今世界反垄断立法和执法的重大挑战之一就是数字经济、平台企业对许多传统概念和判断标准的颠覆[①]。反垄断政策如何保持审慎，相应的法律和经济学分析如何提高针对性，具体执法如何提高效率和质量，都成为各国普遍关注的重要问题。特别对数字经济发展领先的国家或地区而言，处理好发展与规制的关系亟须认清一系列新的挑战。

---

* 本文成稿于2019年4月。

① 引自：唐经纶："新时代中国竞争政策与反垄断执法的成就、挑战及应对——2018中国竞争政策论坛综述"，《竞争政策研究》，2018年第4期，第15～29页。

一、传统的反垄断分析框架及工具需要调整

传统的反垄断分析是以存在既定的"相关市场"[①]为前提的。这意味着传统分析的第一步就是界定相关市场，并以此为基础开展后续分析。整个反垄断分析框架是建立在对市场力量（或支配地位）判断基础之上的，如果不具有支配地位，绝大部分被反垄断法规制的商业行为不应受到质疑[②]。在确定具有支配地位之后，才进一步判断是否存在对支配地位的滥用，某些合谋（符合本身违法原则的除外）是否具有合理性，并购是否产生单边效应或协调效应。测量市场支配地位的方法主要是结构性方法，包括计算市场份额和市场集中度、分析市场进入壁垒、潜在竞争、评估买方力量等。总体来看，传统的分析框架基本是单向的，即"结构—行为—效果"范式：从市场结构（如买卖双方数量、产品差异水平、进入障碍及成本结构等），到市场行为分析（如定价、投资或投机行为、市场策略等），再到相关行为在相关市场中的具体效果分析。考虑到这种"结构主义"范式在很大程度上忽视了不同步骤间的相互作用，各国反垄断执法机构正越来越多地采取"行为主义"或"策略行为主义"的规制范式，即更加关注经营者是否存在滥用市场支配地位、排斥或限制竞争的具体行为。

传统分析框架及其评估工具根植于一般均衡理论和完全竞争模型，具有两个典型特征：一是考察对象多为较稳定的产业，即具有固定生产曲线和消费曲线的静态市场，很难分析不断创新的动态市场；二是反垄断目标所侧重的效率标准是给定资源的配置效率（即静态效率），包括给定资源的生产效率和分配效率，而不是创新所引发的动态效率。这种静态导向的

[①] 一般是指经营者在一定时期内就特定商品或服务进行竞争的商品范围和地域范围。摘自：孟雁北：《反垄断法》（第二版），北京大学出版社2017年版，第68页。

[②] 引自：Louis Kaplow, "On the Relevance of Market Power", *Harvard Law Review*, March 2017.

反垄断分析框架和规则，在创新频率相对低的传统工业经济时代是适用的；但应用于创新频率高、市场急剧变动的数字经济，其局限性便会突出地显露出来。现行反垄断规则的这种困境，在美国微软案、欧盟谷歌案和我国 3Q 案等案件中都有非常明显的体现。面对数字化时代蓬勃发展的新技术、新模式、新业态，基于传统产业组织形成的反垄断分析框架正面临一系列新挑战。

（一）准确界定相关市场难度大

首先，在数字市场中，双边或多边平台可能涉及不止一个相关市场。若忽视各边需求间的正反馈效应，会致使界定要么过于狭窄，要么过于宽泛。直接将单边市场的分析工具应用于多边平台会产生许多问题[1]。例如，即便是考虑了需求弹性和间接网络效应的"假定垄断者测试"（SSNIP）方法[2]，应用到多边市场中也需要更多信息量，远比单边市场复杂。为充分把握 SSNIP 的框架，监管机构需要考虑双边或多边平台的交叉外部性及各边用户的需求本质。

其次，基于质量和创新的非价格竞争趋势显著，基于价格的分析将难以真实反映市场情况。特别是在平台企业免费提供产品或服务时，传统用于单边市场、单一价格竞争的 SSNIP 工具基本不再适用。即便采取改进的 SSNDQ 工具（用质量代替价格），也受制于能够测度的质量标准并非都明确存在。同时，名义价格上的"免费"并不代表实质上的免费，最终用户的支出可能是另一种形式，如提供个人信息甚至是隐私来作为免费服务的对价。依靠需求替代性分析竞争关系并不够，还要考虑不同平台的商业模

---

[1] 引自：Evans, D and Schmalensee, R., 2014, The Antitrust Analysis of Multi-sided Platform Business, Social Science Electronic Publishing。

[2] 该方法用来考察用户对于某一产品或服务持续小幅但具有实质意义的价格变动的反应。

式、竞争方式及利润流向。

最后，不同领域之间的界限越发模糊，新技术、新业态的持续涌现使市场边界难以确定。从需求替代的角度来看，与传统产业相比，消费者偏好的变化致使不同产品或服务之间替代性的评估难度加剧。从供给替代的角度看，数字市场创新的快速迭代致使对供给方替代的评估也比传统产业更具有不确定性。从潜在市场进入者角度来看，要预测未来的竞争动态和潜在市场进入就更不现实。伴随不稳定的市场边界被新技术持续重塑，能够反映功能替代性的产品或服务集（bundles）变得更加重要，但如何将其界定为一个独立市场尚不清楚①。此外，传统市场界定通常局限于一定时间范围内，这对快速变化的数字市场不太适用。产业数字化、平台化趋势的加速会使先前无关的市场也可能变得具有关联性，市场界定的范围要有灵活性。

OECD 的研究认为：涉及多边平台的市场中，进行相关市场界定的价值可能并不大，应该仔细考虑进行市场界定是否必要，以及实施市场界定所耗费的资源是否合乎比例②。但在实践中，若界定相关市场无法回避，即便在价格为零的情况下，SSNIP 仍是最有效的分析框架——关键在于能否准确评估平台的跨边网络效应，灵活调整分析工具，确定相关市场的数量和范围。

（二）市场支配地位的认定困难

不少国家的竞争执法机构发现，即便正确界定了相关市场，在数字市场上准确衡量特定平台企业的市场力量也非易事③。传统用于评估市场支配

---

① 引自：GSMA, Resetting Competition Policy Frameworks for the Digital Ecosystem, 2016。
② 引自：OECD, Rethinking Antitrust Tools for Multi-Sided Platforms, 2018。
③ 引自：EU Commission Policy Dept. A, Challenges for Competition Policy in a Digitalised Economy, 2015。

地位的一些硬性量化指标,如市场份额、价格水平或利润率等,在创新活跃、高度动态的数字市场中适用性已大大降低。由于平台经济的网络外部性等特征,高市场份额并不意味着拥有市场支配地位,也无法假设其市场份额会一直维持在高位。如果产品的市场价格为零,或平台主要围绕质量展开竞争,市场份额往往就难以准确估算。类似地,低于或高于竞争性水平的价格或利润率对判定市场支配地位的参考价值也十分有限。由于平台的"非对称定价"特性,企业往往需要在实现"赢家通吃"时获得高利润以填补沉没成本;相应地,平台的零利润模式也并不意味着不具备市场力量。为此,调整传统的分析工具和判别标准已势在必行。例如,综合评估平台各边的需求弹性,从平台层面上衡量盈利水平而非单独考虑某一边。进一步地,评估双边或多边平台的市场力量时,不仅许多传统方法不适用,新的方法还未充分发展成熟,明确测度十分复杂。OECD 曾提出了一个"经验法则"[1]:即一家领先的数字企业在 5 年内其市场地位没有被挑战过或很容易将新进入者打败,且该企业是盈利的,那就基本上可以假定这家企业拥有市场支配地位——但这尚未形成广泛共识。

进入数字时代,数据对市场力量的复杂影响也增加了判定数字平台企业市场支配地位的难度,很多时候需要基于个案评估。由于规模经济和网络效应,某平台对特定数据的控制可能成为潜在新进入者面临的市场进入障碍,并可能加速市场支配地位形成[2]。但若数据资源的非竞争性、非排他性显著,竞争对手可轻易获取,那么数据并不直接促成市场力量。为此,执法机构需要仔细考量数据被复制的难易程度,以及数据规模与范围对于市场竞争力的重要程度。

---

[1] 引自:OECD,The Digital Economy, DAF/COMP, 2012:22。

[2] 引自:Maurice E. Stucke and Allen P. Grunes, Debunking the Myths over Big Data and Antitrust, *CPI Antitrust Chronicle*,May, 2015。

二、数字平台的垄断行为隐蔽性强，识别难、争议多

由于平台经济领域的市场结构与传统经济有很大差异性，各国对平台企业开展反垄断调查主要是关注那些拥有一定市场力量的平台是否存在滥用其支配地位的垄断行为。不过，相较于传统企业，准确识别数字平台滥用市场支配地位的行为，或是有效区分一般商业行为、商业策略与反竞争行为，难度显著加剧。在传统经济中，一般采取以定价为基础的"等效竞争者基准测试"（Equally Efficient Competitor Benchmark Test）进行分析识别①。但面对数字平台，不仅平台各方定价不一，难以明确具有损害竞争效果的价格水平；基于提供服务或产品的差异，不同平台也不一定具有可比的成本结构，传统的判别标准面临重构。更重要的，从平台企业掠夺性定价、"二选一"（纵向限制）、垄断势力的跨界传导等排他性滥用行为，到基于大数据利用的新型价格歧视或过高定价等剥削性滥用行为，以及经营者数据资产集中、算法共谋的新型垄断协议等各类疑似垄断行为层出不穷。对监管部门而言，不仅准确识别越来越难，面对的各方争议也越来越大。

（一）掠夺性定价行为

各国反垄断法几乎都禁止掠夺性定价行为，《中华人民共和国反垄断法》第 17 条第 1 款也做了相应规定。传统观点认为，若一家具有市场支配地位的企业对其产品收取很低的价格（低于边际成本），按照传统标准就可认定为具有排挤竞争的掠夺性定价行为——但这在双边或多边平台市场中可能并不成立。对平台企业而言，为了最大化交叉网络外部性产生的

---

① 即：通过在同等成本结构、同样价格的条件下，观察特定经营者能否与具有市场支配地位的经营者进行竞争，从而判定具有市场支配地位的经营者是否存在滥用行为。

收益，最优策略就是"补贴"能够产生更多价值的一边（甚至是免费），并不存在反竞争动机。当然，现实中有些价格补贴产生于消费者对商品或服务特性不完全知情，平台为推广服务而在事前支付或承诺支付给消费者的费用，具有一定的"诱导"性质。由此，一些平台可以通过大量前期支付行为在竞争中获得优势，诱发逆向选择或道德风险。由于此类行为在我国现行竞争法体系中尚无明确界定，需要执法部门对此予以充分关注。

（二）以"二选一"为代表的各类纵向限制行为

一般而言，以"二选一"或限制条件为代表的排他性协议和选择性分销行为大多数是商业策略，只要市场上存在替代性内容或渠道，大多可以被豁免。但在特定条件下，其可能损害竞争和消费者利益。这类行为在数字市场颇为常见，引发了大量争议。不少研究认为，较之单边市场中的类似协议，多边市场中的排他性协议可能需要竞争执法部门更为关注，且不应受到更宽松的对待[①]。

以近年来颇受争议的大型电商平台"二选一"问题为例，明确其反竞争效果就面临一系列难题。例如，准确判别平台经营者的市场地位、相关排他性协议的覆盖范围和持续时间，市场进入障碍存在与否，以及达成并实施相关协议所造成的损害竞争效果和消费者损害，等等。一般来说，当平台提出"卖家二选一"的排他性协议时，显然违反了自由交易原则，单归属的平台策略还可能明显地削弱平台间竞争——但现实中往往难以界定这种行为的具体法律裁量。同时，即使在一定的交易协议下卖方选择了某一个平台，这种行为对市场和消费者的影响尚无现实案例可循，也没有明确的研究结论。新出台的《中华人民共和国电子商务法》在第22条、第35条对"二选一"限制交易行为有所涉及，但在实践中准确辨别"二选

---

① 引自：OECD, Rethinking Antitrust Tools for Multi-Sided Platforms, 2018。

一"行为的正当性有很大难度。比如，平台经营者给予平台内经营者额外优惠条件，按照责权利一致原则，独家入驻或独家促销的约定并不违法。特别是在跨平台网络效应较强的情况下，多边平台实施纵向限制有时是必要的。考虑到搭便车现象对平台的生存可能构成威胁，采取纵向限制行为可能有很大空间去提升效率，竞争执法部门应考虑多边市场环境下的效率抗辩。

（三）涉足相邻市场的跨界竞争行为

数字市场中的市场边界往往是模糊的，不同平台间的"跨界竞争"——平台企业利用在原有市场中的市场力量涉足相邻市场的竞争行为十分普遍。从积极的意义来看，这种行为大多是平台经营者将新技术或新模式应用到新领域，在进一步扩张自身经营范围和市场力量的同时，也有利于带动新产业发展和整个数字生态系统的创新。但对监管机构而言，必须高度关注这类行为的正当性，做到"趋利避害"。具体而言，监管者应当有效区分跨界竞争行为的两种类型：预防性扩张（Defensive Leveraging）和进攻性扩张（Offensive Leveraging）；因为这两类扩张的市场竞争效果大相径庭[①]。

具体而言，进攻性扩张既借助原有市场力量，也利用新技术、新模式推动新市场的创新；相比之下，预防性扩张通常只是利用原有市场的支配地位进行排挤或限制竞争。对那些有支配地位的个别平台而言，这两类行为的具体表现都是平台企业涉足另一新市场；但做法的本质难以轻易判断，监管机构对此不能一概而论。2017年6月、2018年7月，美国谷歌公司连续两次被欧盟委员会裁决其滥用市场支配地位，被处以巨额罚款，原因

---

① 引自：EU Commission Policy Dept. A, Challenges for Competition Policy in a Digitalized Economy, 2015。

都与其跨界垄断行为有关。第一次是针对谷歌在搜索结果中偏袒自己的比价购物网站；第二次是被裁定滥用在安卓操作系统市场上的支配地位，妨碍了搜索引擎和浏览器市场的正常竞争，以维持在移动搜索市场上的地位。在欧委会看来，谷歌在安卓操作系统市场上具有显著支配地位并不违法，但利用这个地位"跨界"限制了移动端的搜索引擎和浏览器市场竞争就需要被干预。应该说，欧委会的判决有其合理性，因为操作系统和搜索引擎、浏览器分属不同的数字市场，平台可以跨界竞争，但不能跨界垄断①。

（四）先发制人的并购或集中行为

所谓"先发制人"的并购（pre-emptive merger），一般是指针对最具竞争威胁或潜质的企业，在萌芽或早期阶段就进行并购。从纯粹的商业行为来看，企业并购不足为奇；但包括欧盟在内的一些竞争执法机构认为数字市场创新多变的特点足以在极短的时间内改变市场竞争格局，需要对数字平台企业合并或集中行为更加谨慎②。这就引来了从业界到学界的不少争议。一方面，大企业并购小企业，一定程度上可为小企业（特别是初创型企业）的创新提供更多资源——这有利于技术创新和市场竞争。另一方面，很多小企业更倾向于通过颠覆性技术或商业模式来改变市场竞争格局；若一旦被收购，会降低其与大企业抗衡的动力，整体来看就可能存在反竞争效果。现实中，监管机构往往也很难从交易各方的外部行为推测收购的真实意图。

与此同时，在各类合并案中，与数据资产集中有关的合并案越来越多，需要引发监管部门更多的关注。据OECD的统计，从2008年到2012

---

① 引自：曲创："反思谷歌被罚：支配地位不是干扰竞争的借口"，《科技日报》2018年7月25日。

② 引自：EU Commission Policy Dept. A, Challenges for Competition Policy in a Digitalized Economy, 2015。

年，全球在数据领域的合并与收购数量就从 55 件快速增加到 164 件 ①。在这些领域，基于数据资产集中的合并可以使新企业获得差异化的数据资源，短期内迅速提高在相关市场中的数据集中度。如果数据的合并会让其他竞争对手难以复制数据库中可提取的信息，特别是这种行为发生在两个拥有强大市场地位的平台企业之间时，将可能阻碍新竞争者的进入或显著抬高进入壁垒。为此，尽管难度很大，但竞争执法部门确有必要（最好是事前）对可能的反竞争效果进行权衡。无论是 2014 年社交网络平台脸谱以高达 190 亿美元的金额收购即时通信平台 WhatsApp，还是 2017 年加拿大汤姆森金融集团与英国路透集团（全球两大金融信息平台供应商）高达 88.7 亿英镑的合并，都曾因数据集中问题引发了大量讨论。当然，监管机构也必须充分考虑到数字化时代平台竞争的高度动态性，与数据相关的合并或收购也可能会大幅提升效率，增进社会福利。

（五）算法驱动的共谋协议

依靠人工智能算法驱动的共谋行为是近年来的新现象。由于数字技术广泛应用，当越来越多的平台企业利用计算机、人工智能算法去掌控定价、预测需求之后，"算法合谋"成为引发全球主要反垄断辖区的新关注焦点。一般而言，竞争者之间的合谋行为如被认定对市场竞争有明显危害，基本都适用所谓本身违法原则，一旦查实合谋证据就能定性。不过，获取相关证据是识别垄断协议和执法的关键，但这对算法共谋行为往往挑战巨大。OECD 2017 年的研究指出，算法的快速发展使竞争对手之间可以迅速并隐蔽地进行互动，竞争对手可能利用复杂的编码作为媒介去达成共同的目标，导致数字经济中垄断协议的概念及适用边界越来越模

---

① 引自：OECD, Data-driven Innovation: Big Data for Growth and Well-being, OECD Publishing, Paris, 2015。

糊①。牛津大学两位经济学家 Ezrachi 和 Stucke 还专门分析计算机算法促成合谋的四种场景，包括信使类合谋、轴辐类合谋、预测类合谋、自主类合谋等②。以其中"预测类合谋"为例，平台企业之间隐去了互通信息的身影，完全交由定价算法作为代理人，不同平台的算法持续监控市场价格变化并不断根据竞争对手的价格变化及市场数据调整自身定价。这种情形下，平台之间甚至没有秘密签署的合谋协议，各家平台都单方面使用各自的定价算法。对此，竞争执法机构往往难以认定其潜在的垄断行为。

三、反垄断执法还面临诸多现实挑战

（一）执法的范围和时机难以抉择，取证成本高

首先，数字市场中竞争执法的合适范围一直是有争议的。一方面，不少观点认为出于数字平台的动态竞争特征和鼓励创新考量，对数字平台的反垄断执法应当克制，主张更多依靠行业的自我规范。另一方面，也有很多观点坚持认为在数字市场日趋成熟的背景下，竞争执法始终扮演重要角色。但无论哪种倾向，执法机构能够准确界定执法范围、创新执法方式，有效制止那些损害良性竞争的垄断行为，始终是困扰多数竞争执法机构的难题。同时，在数字市场执法，往往涉及跨区域、跨国家开展调查和执法，还可能引发管辖权争议。例如，在电商领域，很多排挤或限制竞争行为可能会影响多个司法辖区，带来应该由哪个执法机构采取执法行动的问题——这就有赖于各国执法机构之间的协调与合作水平。

---

① 引自：韩伟："算法合谋反垄断初探：OECD'算法与合谋'报告介评"，《竞争政策研究》2017年第5、6期。

② 引自：Ariel Ezrachi、Maurice E. Stucke：《算法的陷阱：超级平台、算法垄断与场景欺骗》，余潇译，中信出版集团2018年版。

　　其次，选择合适的执法时机也非常复杂，但直接关系执法的效率和质量。对执法部门来说，必须考虑数字时代平台竞争的高度动态性，要在过早干预可能阻碍竞争与过晚干预可能已形成垄断地位构成市场进入障碍的两种风险之间进行权衡。有的专家认为竞争执法部门进行事前干预比事后执法更有效，但并未得到广泛认同[①]。更复杂的问题还包括：某个平台企业在何时可被视为具有市场支配地位；监管机构对平台企业相关行为在其不同发展阶段进行干预的取向是否应有差异；应该在多大范围和程度上针对一家强势但又难以认定具有市场支配地位的数字平台企业进行干预；等等。

　　最后，执法过程中的调查取证成本越来越高。以欧盟谷歌案为例，操纵搜索引擎算法具有很高的技术性和隐蔽性，欧委会在长达7年多的调查中共分析了超过17亿条搜索结果才得出谷歌滥用市场支配地位的结论[②]。又如，平台间垄断协议能够通过算法达成和实施，颠覆了传统意义上的文字、会谈、口头协商等协议形式，如何透视精密、复杂的操作识别垄断协议成为各大反垄断执法机构面临的难题。

（二）法律救济措施的及时性和有效性存疑

　　数字平台的竞争行为具有变化多端、难以消除、威胁生存等特点，对执法效率和司法保护的及时性、有效性提出了新要求。无论是对平台经营者还是参与平台的商家、开发者、消费者，若其正当权益得不到及时保护，即使其在最终司法诉讼中胜诉，却仍可能面临"赢了官司、输了市场"的窘境。特别在我国，已有的司法判例显示，赔偿力度不足、临时救济措施执行不力等问题反映强烈。这其中，如何更好地适用行为救济成为

---

　　① 引自：OECD，The Digital Economy，DAF/COMP，2012。
　　② 引自：邓志松、戴健民："数字经济的垄断与竞争：兼评欧盟谷歌反垄断案"，《竞争政策研究》2017年第5期，第46～50页。

最突出的问题之一。

目前，多数国家普遍认为对数字平台采取剥离资产、强制拆分等结构性救济措施可能过于绝对，通过任务监督人监督行为性救济措施的执行更加合适。相关措施除了罚款，有时可能就是对一段代码的修改或采取一个开放的策略[①]。从 2016 年欧委会处理的微软收购领英案、2017 年查处的谷歌滥用支配地位案，到 2019 年 2 月德国联邦反垄断局裁定的脸谱过度收集和合并用户数据案，大多采取了行为救济措施，即涉案企业需要在特定期限内承担一定的作为义务。但现实中存在很多执行障碍，如不少行为救济措施难以监督、政府对市场持续干预导致救济过度等。从《中华人民共和国反垄断法》的现行规定看，除了经营者集中反垄断环节存在事前结构救济和行为救济的规定，针对垄断协议和滥用市场支配地位行为的救济措施都缺乏行为救济或结构救济的规则基础。总的来说，面对数字市场的新需求，司法救济功能在及时性和有效性上还存在较大的不足。

（三）执法队伍亟待加强，执法能力亟待提升

数字时代平台经济发展迅猛，新技术、新模式层出不穷，多数国家的反垄断执法机构面临知识更新有限、执法工具落后、人才队伍不足等问题。很多发达国家明确指出缺乏掌握或熟悉新兴数字技术及商业模式的必要专家，也很难在短时间内吸收最新的反垄断理论进行案件分析。数字领域反垄断执法面对的是具有强大势力、行为错综复杂的平台主体，要求专业化程度高，加上社会舆论关注度高，对办案人员有很高的要求，不仅要有深厚的法律知识，同时还需要具备深厚的经济理论功底。相比之下，我国在这方面的形势更加严峻。现行执法力量明显不足，人才队伍相对偏弱，执法资源（包括财政资源、技术支持等）也很有限。新一轮机构改革

---

① 引自：OECD, The Digital Economy, DAF/COMP, 2012。

实现了对三家反垄断执法机构的合并，增强了反垄断执法的可预见性和统一性，但在层级和人员的配置上仍需提升和加强。国外竞争执法机构少则接近千人，多则达到 3000 多人。我国现有机构人员远不能满足发展要求，无论是数量还是专业素质都有待进一步提升，亟须从机制设计和体制保障等多个方面予以加强。

四、国际上应对数字平台反垄断挑战的主要经验及启示

在世界各地，一些超大型数字平台的涌现正在加速改变许多行业领域的产业组织和商业规则，也给传统的竞争秩序和规制方式带来了挑战，引发了全球主要反垄断辖区的普遍关注。以美国、欧盟为代表的国家或地区针对超大型数字平台的反垄断规制已有不少实践，为我国及时应对新挑战提供了有益参考。

（一）各国对大型数字平台的反垄断规制理念存在差异

尽管多数国家反垄断立法都强调防止超大型平台排除或限制竞争效果，以提高竞争性和保护消费者利益，但在具体执法实践中有不少差异。不同国家在反垄断规制理念以及数字经济发展水平、平台企业国际竞争力、产业制度环境等方面的差异产生了重要影响。全球最大的两个反垄断辖区——美国与欧盟的差异是比较典型的。

美国整体上偏向于审慎、包容，高度重视保护创新和消费者利益。长期以来，美国的数字经济充满活力、引领全球，以谷歌、微软、亚马逊、脸谱为代表的一批超大型平台具有很强的国际竞争力。美国对超大型数字平台普遍采取审慎、包容的监管态度，给予平台企业更大的成长空间，鼓励其在技术研发、商业模式、用户服务等方面不断创新发展。从 1890 年

《谢尔曼法》颁布算起，美国的反垄断史已有上百年；尽管如此，美国国会和政府部门普遍认为现行反垄断法仍然适用于今天的数字经济各领域。在执法上，无论是美国联邦贸易委员会（FTC）还是司法部，都拓展了传统以保护消费者和维护市场竞争为主的规制目标，即更加强调鼓励创新。例如，早在 2001 年的微软捆绑案中，法院最终撤销对微软的拆分要求而选择采纳和解方案，部分源于 IT 产业开始面向互联网发展，个人电脑和操作系统不再成为阻碍产业创新的壁垒。又如，2010 年，美国司法部和联邦贸易委员会联合发布了新版《横向合并指南》，首次将由损害创新竞争引发单边效应加入合并审查的考虑之中。之后，美国司法部加大了对可能导致创新减少的并购交易的审查力度，如两大在线点评网站 Bazaarvoice、PowerReviews 的并购交易案，最终予以撤销。

相比之下，欧盟在数字领域的反垄断规制则趋向于严苛，更加注重保护中小企业以及市场竞争者的利益。在欧洲，总体上缺乏本土的超大型数字平台，中小型互联网企业占据主体。欧盟竞争法首先服务于维护共同市场、协调成员国发展的总体目标，同时强调对中小企业的保护，以及对消费者利益的维护。《欧盟运行条约》等诸多法律法规明确了中小企业对欧盟经济发展的重要作用。实践中，欧盟对超大型平台采取十分严格的规制策略，积极运用反垄断手段，审查经营者集中案件，查处滥用支配地位行为（特别是将垄断地位进行跨界传导），频频开出巨额罚单。从 2017 年 6 月到 2018 年 7 月，再到 2019 年 3 月，欧委会接连对美国谷歌公司开出了高达 24.2 亿欧元、43.4 亿欧元、14.9 亿欧元的巨额反垄断罚单（如 2018 年的罚款约占谷歌 2017 年利润的 35%），创下了全球反垄断机构对单个企业的最高罚款纪录。尽管有观点质疑欧盟的反垄断规制在某种程度上是其贸易保护工具之一，但多数反垄断裁决均是出于更好保护中小竞争者和消费者权益（特别是与数据保护、隐私安全相关的权益）。此外，与美国反垄断案件主要由私人实施提起不同，欧盟的反垄断机制以行政程序占主导，行政意志贯彻较彻底，也加重了反垄断判罚力度。

（二）普遍强调灵活执法，创新分析工具和思路

一是在反垄断分析指标上充分考虑数字经济、平台经济特性。例如，针对互联网平台免费服务的普遍特征，欧盟弱化了对价格因素的考察，转而对市场壁垒、用户多归属性、用户议价能力等供给或需求替代性进行重点分析。在认定滥用行为时，尤其注重流量、算法、数据等新的互联网关键要素对产业发展的影响，纳入对市场结构、产业环境、产业创新性等分析结构中来。比如，在谷歌搜索引擎及购物比较服务案中，详细分析了比较购物服务流量的变化与谷歌所采用的不同算法在时间上的关联度，从而认定反竞争效果的来源。新的指标分析体系成为支撑欧盟对互联网平台反垄断规制的基础。

二是注重对平台垄断行为的经济分析。例如，美国在规制互联网超大型平台时主要采取"合理原则"，即认定反竞争行为需综合评估经营者主观垄断意图和损害竞争后果，经济学分析方法在明确竞争评估分析思路、界定相关市场、确定竞争损害、明确平台支配力的传导效应、确定附条件有效性等诸多环节有重要的支持作用。在平台经济高发的垄断者捆绑销售、忠诚折扣、排挤竞争者、纵向固定价格、拒绝接入和其他阻止竞争等行为上，美国司法和竞争执法机构开始更多地考虑增加经济分析评估的分量，减少误判错判。

三是将数据集中、隐私保护等新问题及时纳入反垄断分析框架。欧盟高度关注数据驱动型并购、数据收集和处理行为对竞争的影响。在谷歌收购 Doubleclic、脸谱收购 WhatsApp、微软收购 LinkedIn 等案件中，反垄断机构都表达了对于数据集中的竞争关切。如欧盟在审查微软收购 LinkedIn

案时，详细评估了相关数据市场的界定、数据原料封锁、用户多归属与数据稀缺性、数据相关的隐私问题等，对数据与平台竞争力之间的关系进行深入分析。类似地，德国联邦卡特尔局专门从隐私角度对脸谱展开反垄断调查，他们认定数据是企业核心竞争资源，脸谱使用非法服务条款对用户施加不公平交易条件造成消费者福利受损，构成滥用行为。欧盟也在垄断行为取证、规制工具创新等方面进行了探索，聚焦平台生态传导和数据集中效应，维护消费者福利和中小企业竞争力。

（三）大多考虑国家利益，走实用主义路线

从全球视角审视和制定竞争政策，走"实用主义路线"，已得到越来越多国家的认同。在很多传统经济领域，一些国家对反垄断案件的处理就会综合考量国家利益、经济效率、技术创新等因素。例如，1996年12月，波音公司宣布兼并世界航空制造业排名第三的麦道公司，美国反垄断当局并没有因为合并将带来的"一家独大"而否决并购案，主要是考虑到欧洲空中客车公司市场份额大幅扩张，美国政府出于国家利益的考量支持波音公司形成竞争优势——这显示出"国家利益需要垄断"的政府立场。同样，日本《反垄断法》也充分体现出与国家宏观政策相一致的思路。"二战"后在日本经济高速发展时期，《反垄断法》只是象征性立法，并未制裁规模庞大、力量集中的大企业。进而，丰田、东芝等巨无霸企业通过规模效益占领了全球市场。针对数字经济，一些发达国家甚至提出要修改传统的竞争规则[1]，以支持本土数字企业应对海外竞争。可见，多数国家的反

---

[1] 具体包括：a. 以全球竞争状况为参考，更新139/2004号《关于控制企业集中的理事会条例》等企业合并条例；b. 提议赋予代表欧洲理事会（European Council）在某些"明确界定的案件"中推翻欧盟执委会（European Commission）某些反垄断决定的权力；c. 推动"欧洲共同利益重要项目"中的国家援助规则的实施，并探索重点行业中政府权力短期介入以确保企业长期发展的可能性。资料引自：德国联邦经济技术部官方网站，大成律师事务所反垄断团队译，2019。

垄断机构都认识到,反垄断政策不能仅局限于一个封闭经济体内,必须考量日益开放、激烈的国际竞争,这对数字经济、平台经济而言更具现实意义。

(四)及时回应新问题,但直接修法较少

由于在传统经济领域广为适用的反垄断分析思路和方法不能直接套用到数字时代的平台经济领域,一些国家开始探讨考虑对传统的反垄断法规体系进行必要的修订。以欧洲为例,自欧盟 2015 年推出"单一数字市场战略"(digital single market)后,欧委会和德国、法国等主要成员国都在积极推进数字经济领域的反垄断修法调研。针对搜索引擎、社交媒体、电子商务、应用商店等数字在线平台领域,欧盟最主要的担忧是:那些大型平台一旦在多个经济领域利用其市场力量发展壮大,可能会导致竞争法的适用难题。对此,欧盟除了规定交易实践、接入条款和合同条款,限制垂直一体化公司的歧视做法外,考虑修改现行竞争法条例 ① 以更好适用于网络平台发展是其重要举措之一。例如,关于经营者集中的申报标准,德国垄断委员会认为,目前申报的营业额标准在处理以互联网为代表的数字市场时存在法律漏洞,需要修改交易额标准。原因在于:互联网平台能够取得大量有价值的数据,但是营业额极少,或者极具竞争潜力的中小企业被收购时营业额也非常少,无法达到经营者集中的营业额申报门槛,避免了申报——但在创新动态的数字市场中,这些经营者集中可能会排挤或限制竞争。欧委会的部分官员也认为,现行的经营者集中管辖权制度会导致面对数字经济的适应性存在不确定性因素,修改审核门槛的申报机制确有必

---

① 主要是依据2009年《里斯本条约》修订的《欧盟运行条约》第一部分第101至106条。其中,第101条和第102条是欧盟竞争法的核心,前者专门对限制竞争协议进行了规范,后者对滥用市场支配地位行为作出了规定。此外,各主要成员国也有相应的专门法律,如德国1957年就通过的《反限制竞争法》。

要①。不过，主要发达国家直接进行修法的还比较少，大多强调依据数字市场的特殊情况作适当调整或进一步释法。

总体而言，尽管各国因产业发展及制度差异在规制的理念和实践上有所差别，但均认识到应对数字时代的平台竞争与垄断问题需要拓展监管思路、创新执法方式。尽管垄断协议、滥用市场支配地位、经营者集中这三大支柱性制度仍具适用性，但要及时回应从数字平台相关市场界定、支配地位认定，到经营者集中申报门槛、数据资产集中的认定以及数据使用、算法歧视等新问题，还需不断提高现行反垄断规制体系的灵活性。相较于国际上反垄断体系较成熟的发达经济体，我国从反垄断立法到执法的实践经验都比较有限，竞争政策的基础性地位也有待进一步强化。针对数字经济时代反垄断政策面临的一系列新挑战，要充分借鉴欧美发达国家的有益经验，及时梳理应对思路，加快完善适合我国国情和平台经济发展诉求的现代反垄断规制体系。

熊鸿儒

---

① 引自：Massimiliano Kadar（欧委会竞争总司办案官员）："数字时代的欧盟竞争法"，傅晓译，《竞争法杂志》（ZWeR）2015年第4期。

我国数字经济发展中的平台垄断问题与治理对策[*]

我国是全球范围内数字化技术投资与应用大国。10余年来,凭借技术进步、业态创新和消费升级,一大批数字平台企业快速崛起,渗透到越来越多的行业领域。新兴的数字平台在大幅改善经济运行效率、改变社会生活方式的同时,也给市场监管带来了不少新的问题。数字平台监管,特别是那些具有一定市场支配地位的"数字寡头"的反垄断规制,引发了不少疑虑和担忧。在我国竞争政策的基础性地位尚未夯实、竞争执法仍处于初期阶段的背景下,妥善处理好鼓励平台经济创新发展与合理规制垄断行为之间关系的挑战较大。针对这类新型的复杂经济现象,有必要及时梳理发展中遇到的各类新问题,顺应新经济发展规律,加快完善包容审慎、公正高效的监管体系。

一、认清我国数字平台企业的发展现状与竞争问题

(一)发展日新月异,创新活力迸发

我国数字经济发展态势可谓日新月异,在很多领域甚至具有全球领先优势。从数字经济规模看,中国已成为仅次于美国的全球第二大数字经济

---

* 本文成稿于2019年4月。

体，据中国信息化百人会 2018 年年度报告，2017 年中国数字经济规模达到 22.6 万亿元。从数字经济占比和发展质量看，尽管美、日、英、德、法等发达国家仍位于数字经济发展的第一阵营，但我国是新兴经济体中上升势头迅猛和发展潜力巨大的代表。许多区域对数字经济体现出很高的热度，各级政府正在将数字经济打造成为未来经济发展的重要新动能。麦肯锡全球研究院（MGI）的研究认为：中国目前已是全球领先的数字技术投资与应用大国，孕育了全世界 1/3 的独角兽公司；市场体量庞大，能够推动数字商业模式迅速投入商用，而且本土市场拥有大量热衷数字科技的年轻消费者；业务遍及全球的中国互联网三巨头"BAT"正在布局多行业、多元化的数字生态系统，深入触及消费者生活的各个方面①。

作为重要的新型产业组织形态，平台经济活力迸发，已成为促进我国"大众创业、万众创新"、新旧动能转换的关键力量。近年来，我国基于互联网、大数据和人工智能的平台经济涵盖了电子商务、分享经济、社交媒体等多种应用和服务形式。众多生产者和消费者依托互联网平台形成了一个网络生态系统，实现了产品设计、创意、生产、交换、分配、使用和服务。随着区块链、人工智能、5G、VR/AR 的发展和集成应用，平台经济正在催生更多的新商业生态。数字平台企业通过推动产业融合与业态颠覆，已成为加快新动能成长的重要载体。以独角兽企业②为例，从公开发布的各类评选榜单来看，2018 年排名前 20 位的本土独角兽企业几乎都是数字平台企业，如蚂蚁金服、京东数科、陆金所、微众银行（互联网金融平台），滴滴出行、菜鸟网络、满帮集团（出行物流平台），今日头条、快手、口碑（生活信息平台）等。北京、上海、杭州、深圳等城市已成为世

---

① 引自：华强森等："中国数字经济如何引领全球新趋势"，《科技中国》2017年第11期，第53~66页。

② 泛指成立不到10年，估值超过10亿美元的未上市企业。

界范围内有影响力的平台经济重镇，一大批平台型组织和企业推动了生产和流通领域的一系列重大变革，成为各行业、各地区新的增长引擎。

我国数字平台企业创新能力不断提升，基本实现了从模仿到创新、从落后到领先的跨越式发展。依托中国巨大的市场规模优势，本土数字平台企业的成长速度和规模惊人。例如，2018 年，我国淘宝、天猫平台上的"双 11"交易额几乎是美国的"黑色星期五"交易额的 5 倍多（二者分别是中美两国规模最大的"全民购物节"）。实际上，国内完备的通信基础设施、智能手机使用普及、互联网接入用户的庞大规模为平台经济的发展提供了必要条件[①]。以网络零售、移动支付、网约车为代表，国内平台企业已经成为各自行业的主导者，相较于国际同行而言在体量上占据较大优势。相应地，我国数字平台企业的创新发展也成为全球网络空间力量竞争的重要载体。近年来，腾讯、阿里巴巴、百度等数字平台企业快速崛起，聚集了海量用户和商家，业务收入和市值排名均处于领先地位。从 2013 年到 2015 年，全球互联网企业市值前 30 位排名中，我国互联网企业占据的席位迅速从 7 个增加到 12 个，而美国则从 18 个下降到 15 个。

（二）平台垄断与竞争治理问题开始出现

近些年，我国数字经济中涉及平台竞争与垄断方面的治理问题日益增多。如平台间补贴大战、跨行业竞争、频繁合并、"二选一"、"大数据杀熟"、平台间"封杀"等现象越来越普遍，引发了诸多争议。这些争议的产生与平台企业的经济特性、竞争特性息息相关。一些问题在传统平台企业上也曾发生过，但进入数字时代，很多问题变得更复杂、更隐蔽，影响范围也更广，致使一些传统的法律法规、治理方式及监管手段难以适

---

① 引自：曲创、刘重阳："互联网平台经济的中国模式"，《财经问题研究》2018年第9期，第10～14页。

应。更重要的是，在一些数字市场或"互联网+"产业领域快速集中后，如何确保富有活力、良性健康的竞争，激发更多的创新和更好保护消费者利益，成为政府和社会关切热点。从2013年"互联网反垄断第一案"的"3Q大战"，到近年来的围绕"滴滴与优步合并""阿里京东二选一""菜鸟顺丰之争""头腾大战""百度滥用搜索算法限制竞争""携程等在线预订网站杀熟"等问题，相关争议和执法挑战不断加剧。归结起来，至少涉及以下几类。

一是数字平台的市场力量认定尚无规范方法或成熟经验，对滥用市场支配地位行为的判定也没有公认标准。一方面，平台厂商的市场力量与传统厂商具有明显差别，依赖市场份额、利润率等传统工具往往存在很大偏差。比如，已经成为"中国互联网第一案"并产生最终判决的"3Q大战"，即腾讯公司即时通信软件QQ平台与奇虎360公司的杀毒软件之间涉及"滥用支配地位排挤竞争"的官司。此类案件在相关市场界定、滥用支配地位行为认定以及竞争损害分析等方面都曾存在很大争议。近年来，滴滴、美团在互联网出行、外卖等领域多个地区的竞争也遇到了类似的难题。另一方面，对于滥用市场支配地位的行为判定也没有普适标准。天猫和京东是中国两大网购平台，当平台提出"卖家二选一"①的排他性协议时，不少专家认为显然违反了《中华人民共和国反垄断法》规定的自由交易原则，单归属的平台策略同时可能明显地削弱平台间竞争，但对消费者和商家的损害或影响没有现实案例可循，也难以界定这种行为的具体法律裁量。可见，如何提高对市场支配地位以及滥用市场支配地位认定的合理性，成为从反垄断分析到执法、司法必须解决的重要问题。

----

① 所谓"二选一"，是指一些数字平台通过其掌控的资源优势，以间接、隐蔽的方式，使平台上商家、用户只能在两个或多个平台之中选择其一。在平台经济中，数字平台和平台上交易双方的关系是多重的：不仅仅是传统经济中简单的上下游关系，还存在相互制约和依存的关系。正因为如此，使不少数字平台的"二选一"行为容易实现。

二是不同数字平台企业间的合并现象频发，反竞争效应显现，引发涉嫌垄断、排挤竞争和打压创新的担忧。近年来，我国互联网多个细分市场上纷纷由"群雄逐鹿"走向领军企业"合并同类项"。如交通出行领域，市场份额最大的滴滴公司继2015年2月合并快的打车后，2016年8月又宣布合并优步中国；在线旅游领域，领先者携程网2015年5月合并艺龙网之后，当年10月又合并去哪儿网；网络团购领域，领先者美团网与大众点评网合并。此外，线上线下延伸布局成为新方向，如阿里巴巴重金收购在线视频领军企业优酷土豆集团，布局传媒娱乐产业等。合并现象激增除了因受到资本方追逐提升估值、实现退出等，也是为了追求规模经济和网络效应。其影响除了形成了一些竞争力强的大型互联网平台企业，也在一定程度上削弱了细分领域的市场竞争，相关市场支配地位被滥用的可能性加剧。在数字时代，不排除新合并企业基于其拥有的海量、多维度个人数据，定向实施反竞争性歧视行为的可能①，如复制抄袭对手商业模式、向上下游延伸其平台垄断优势、强制实施捆绑搭售等。这不仅打击了小微企业创新积极性，也损害了上下游企业和消费者的利益。不过，也有不少专家认为，互联网平台横向并购及由此造成的市场集中度提高能够增进社会总福利或至少一边用户的福利②。

三是各类新型垄断行为不断涌现，传统经验可能不再适用，准确识别困难加剧。互联网行业的一些新业态、新模式颠覆了传统商业规则，往往难以通过传统行业规制经验或常用工具直接预判其行为的后果。如果忽略其发展特殊性，容易"一刀切"地"管死"。但如果放任其野蛮生长，也会导致市场竞争秩序混乱，损害消费者和公共利益，且不利于创新。如比

① 引自：马骏、马源："互联网企业合并频发的原因、影响与对策"，国务院发展研究中心《调查研究报告》2016年第152号（总5035号）。
② 引自：吴汉洪、周孝，"双边平台横向并购的福利效应：基于文献的评论"，《中国人民大学学报》2017年第2期，第146～156页。

较典型的新行为包括数字平台厂商的价格歧视和算法共谋行为——这在现实中极为重要、也颇为广泛。依托大数据的价格歧视行为与传统的价格歧视行为存在本质的差别，在互联网平台经济中个性化的服务本质上将市场特别是买方市场分成了一个个独立的个体，截断消费者的搜寻行为，买者可能在某种路径依赖的惯性下无选择地购买服务，网络效应很容易导致"一家独大"的局面，供给与需求可能同时失去竞争性，而平台成为唯一的"知情者"，当这个"知情者"对每一种商品向特定用户进行拍卖时，通常语境下的市场可能已经不存在了。此外，近年来在数字市场上，诸如恶意不兼容、广告屏蔽、流量劫持、静默下载、深度链接等一系列不正当竞争行为也一直广受关注，相关案件反复出现冲击着公平竞争秩序。

四是不断扩张的"数字寡头"对经济社会的影响力加速抬升，任何潜在的垄断行为或治理不当都可能产生难以预测的后果。以电商领域为例，2017 年我国网络零售总额为 7.18 万亿元，其中阿里系平台（天猫、淘宝）公布的商品交易总额（GMV）达到 4.63 万亿元，约占 65%，京东的 GMV 约占 18%，两者合计约占 83%。这种市场主导地位正在引发越来越多的讨论，比如，数字平台巨头积累和控制着海量用户数据，使其具有锁定消费者或商家、强化市场支配地位的力量，或对用户分类管理，并利用计算机算法实施歧视性定价，甚至影响经济安全和网络安全。特别地，数据资源已是数字平台企业的核心资产，但大数据的使用行为引发的关于数据产权归属、数据隐私侵权、数据拒绝分享、数据驱动型的经营者集中以及社会讨论热烈的"大数据杀熟"问题等，都对监管提出较大挑战。监管部门甚至往往很难判断反垄断执法的范围和最佳时机，甚至识别企业何时会垄断市场也不容易。实际上，我国在数字经济领域所面临的竞争政策及反垄断执法难题与欧美发达国家所面临的多数挑战是类似的。诸如，相关市场界定困难，市场支配地位认定难，传统分析框架及评估工具可能不完全适用，识别反竞争行为难度大、争议多，执法过程复杂度高，必要的执法能力欠缺等。其中一些挑战还更加紧迫，如专业执法队伍不足。

（三）现行监管体系和执法方式亟待改善

一是一些政府干预不合理，迫切需要纠正、规范。一些地方在新经济领域设置不合理和歧视性的市场准入条件，就是最典型的表现之一。以网约车领域为例，多地准入门槛限制使网约车行业陷入普遍违法的窘境。截至 2018 年 7 月，全国已有 210 个城市出台了网约车监管细则。从各地的准入条件看，不但运营企业需在各个城市注册子公司，司机需满足户籍等限制，而且车辆需转为营运车辆、车证办理有数量限制，还有轴距、排量、车龄、车价等方面的不合理要求。不科学的准入门槛不利于市场新主体进入，不利于解决"一家独大"问题。由于网约车平台间竞争具有寡头化、动态化、跨界性以及大数据驱动等新特征，过高的准入门槛反而增加了少数寡头滥用市场支配地位、采取不正当竞争手段损害消费者权益的风险。2016 年，国务院出台了"公平竞争审查制度"的重要文件[1]，主要是为了进一步规范政府有关行为，防止出台排除、限制竞争的政策措施，逐步清理废除妨碍全国统一市场和公平竞争的规定和做法。作为覆盖所有涉及市场主体经济活动行业和领域的重要举措，数字经济、平台经济领域各层级的政策措施都要对照审查标准进行公平竞争审查，评估对市场竞争的影响，防止排除、限制竞争。但现实中，落实不够导致的一系列监管乱象也时有发生。准入门槛不合理、地方保护主义等一系列不合理的行政干预，反而可能会加剧数字经济领域的垄断风险。

二是现行监管方式亟待调整，临时性集中执法、选择性执法或"一

---

① 参见：《国务院关于在市场体系建设中建立公平竞争审查制度的意见》（国发〔2016〕34 号）。

刀切"执法问题突出。现有的监管是以事前许可或备案为主、事中事后为辅的方式，面对海量商家涌入、跨界创新的常态化以及普遍的多平台经营等现象，事前监管不仅疲于应对，而且效果有限。更具讽刺意义的是，现实中一旦某个或某类平台企业出问题了，经媒体大肆炒作，行政主管部门不得不出手干预，但其手段多为以约谈方式暂时压制负面舆论的扩散。例如，2018 年 4 月滴滴、美团、饿了么三家外卖平台在江苏无锡出现"补贴大战"以及"二选一"纠纷。届时当地工商部门联合公安、物价、食药监、商务等部门对三家平台开展行政指导，明确提出了一系列"四必须""八不得"等要求，如不得利用高额补贴抢占市场份额、不得实施"二选一"行为等。这引发不少争议，比如"二选一"行为究竟在竞争政策中如何界定其违法性。类似的问题在互联网金融、出行领域也常见。总体看，目前出台的一些行政干预手段，没有充分法律支撑；如不经过细致分析，仓促出台政策，不仅缺少科学性，还难以彰显法治精神[①]。

三是监管效率不高，救济措施跟不上。现有的监管手段多是事后处罚特别是严重依赖行政处罚的被动模式，不仅对涉事主体的惩戒效果不佳，而且不能有效理顺市场的自我进化机制。例如，对于市场不正当竞争行为的处理，如果仅仅是在接到投诉和协调后，对涉事企业仅仅进行几百万元的罚款，根本无法形成长效机制。仅仅依靠监管部门现有的力量和手段，在应对市场不规范行为的大量涌现上，必然导致政府应对的低效率和差效果，并将直接影响政府在整个行业监管中的地位和威信。当前，我国在大数据治理、跨平台信用体系、定期随机抽检等监管手段创新上还处于探索阶段。同时，司法保护或救济措施的及时性、有效性往往不足，不能适应数字时代竞争司法救济的需求。一个企业的创新和正当竞争若得不到及时

---

① 引自：黄勇："对互联网平台竞争的一些思考"，《比较》2018年第5期，第251～255页。

保护，即使最终在诉讼中胜诉，也可能陷于"赢了官司，输了市场"的窘境。从司法判例来看，赔偿力度不足、临时救济措施滞后等是当事人反映最为强烈的问题。曾有统计，120余件网络不正当竞争纠纷中，最高赔偿数额仅为500万元，而该赔偿数额仅为该案当事人诉讼请求的4%[1]。

四是对现有管理体制的挑战显现，特别是竞争执法机构与行业主管部门的协调配合问题突出。一方面，现有的体制架构大多是条块化和属地化的，各部门条块分割的监管体制造成"政出多门"，部门之间协调不够，甚至存在不同部门之间的政策、标准要求等相抵触的现象。而互联网平台上商家的经营活动往往是跨领域、跨地区的，一个部门或一个地区的监管力量根本无法应对，传统垂直监管模式已不能满足"互联网+"跨界融合发展的需要。另一方面，在线上线下加速融合的趋势下，线下业务不断向线上扩展，原有的线下监管问题通过"互联网+"进一步放大，新业态如何界定，线上和线下管理部门如何划分职责和实现协同，都是新的监管难题。此外，竞争法与部门法之间的立法、执法协调也是长期困扰我国竞争执法的难题。

二、坚持包容审慎、开放透明、趋利避害的监管原则

（一）坚持包容审慎，适度监管

监管部门首先必须客观认识平台的"大"，慎用反垄断法、谦抑执法。数字时代快速变化的技术和商业模式创新，要求决策者和监管者必须深刻理解数字市场竞争动态、平台运作方式以及有别于传统经济的差异。要充

---

[1] 引自：奇虎公司与腾讯公司"扣扣保镖"案，参见最高人民法院民事判决书（2013）民三终字第5号。

分认识到：反垄断法"反"的不是垄断地位，而是损害公平竞争的垄断行为；反垄断法保护的是市场竞争，而非单纯地保护竞争者。在看待一些领域少数平台企业"一家独大"现象或评估相关案件时，应保持包容审慎的态度，特别要警惕仓促干预或过度执法对市场自然竞争"优胜劣汰"机制和创新激励机制的破坏。在面对一些数字平台涉嫌垄断但对动态竞争及消费者福利有利的行为时，即便这些利益难以被具体量化，执法者也应考虑采取美国联邦贸易委员会委员莫林·奥尔豪森所提倡的"监管谦逊"的理念：即"冷却这些市场上令人难以置信的活力是所有监管者或竞争执法者应该做的最后一件事"①。若不同规则难以取舍，优先选择对于各方主体利益有最大容忍度和包容度的规则，既保障创新利益和提供创新动力，又尽量减少对合理经营行为或者商业模式的损害，避免对健康市场竞争机制造成扭曲，兼顾多方利益。

当然，这绝不意味着监管机构应对数字经济中平台企业已经存在的反竞争行为视而不见，而是恰恰相反。竞争政策及反垄断执法始终是弥补数字经济领域的市场失灵、有效阻止平台企业反竞争行为的重要工具。必须看到数字平台的扩张并不会创造一个"新经济天堂"，毕竟存在不少负外部性和潜在危害；实际上，目前为止还很难找到完全不受政府干预或执法规制的任何发达市场。竞争执法机构的工作就是保证具有垄断地位或市场支配地位的平台不违反竞争规则，同时寻租者不能阻碍新平台的创新。政策制定者和执法者也应在尽可能的情况下对数字市场动态掌握更全面的信息，并帮助消费者和所有平台用户获得更准确的信息，避免类似传统经济中那些网络效应较强的领域容易出现的"规制俘获"或可能的"监管套利"。

① 引自：丹尼尔·奥康纳（Daniel O'Corner）："理解在线平台竞争：若干常见的误区"，载于时建中、张艳华主编：《互联网产业的反垄断法与经济学》，法律出版社2018年版，第132～165页。

（二）坚持开放透明，协作监管

针对平台企业而言，包括竞争政策在内，所有监管政策都必须处理好平台自身治理和政府或社会治理之间的关系——这依赖于开放、透明的规则体系。必须认识到，在数字经济领域，过去业界推崇的"平台中立"原则并不客观。原因在于：技术（使用）很难中立，平台也很难以中立为目标，同时多数平台更难以成为反垄断法上的"关键必要设施"。要有效监管拥有双重身份的平台，绝不能依赖于其难以实现的"中立性"，而应考虑"数据驱动的透明性和问责制的开放创新"原则[①]。在数字经济领域，建立和实施关于事后透明性的规定，可有力补充甚至代替传统以建立事前准入规则为主的监管方式，降低政策干预的成本和惰性，并鼓励创新。相应地，政府部门要重视数字平台的自我规范，充分考虑到动态竞争激烈的数字市场中平台的自我规范动力，特别是解决平台内竞争或其他负外部性问题，实现政府规制与平台治理的有机结合。

（三）坚持灵活有序，高效监管

数字市场的竞争高度复杂、动态性强，很多破坏性创新基于数字平台巨大的网络效应和规模效应，往往发展迅速。竞争执法机构也应当反应迅速，应在不降低调查质量的基础上提高调查过程的效率，做到"灵活有序、趋利避害"。对此，GSMA（2017）的建议[②]值得我国借鉴。一是确定哪些案件需要马上启动并处理，如果初步证据不支持进一步调查，可尽早结案；二是加强信息收集能力，特别是利用大数据、物联网等新技术的能

---

① 引自：Nick Grossman, "Regulation, the Internet Way: A Data-First Model for Establishing Trust, Safety and Security-Regulation Reform for the 21st Century City", Harvard Kennedy School, ASH Center for Democratic Governance and Innovation, April 8, 2015.

② 引自：韩伟、徐美玲："GSMA《数字生态系统竞争政策框架重整》调研报告介评"，载于韩伟主编：《数字市场竞争政策研究》，法律出版社2017年版，第96~114页。

力，同时要避免对企业施加额外负担；三是尽早采用外部技术顾问或行业专家，并确保决策小组配备适当的专家；四是酌情在执法程序的初期促成和解，或让当事方作出承诺；五是制定严格的时间表，并严格遵守执行。总之，执法部门需要审慎对待、及时响应，既要平衡速度和效果，也要平衡正当程序和失误风险。

三、多措并举，加快提升数字平台垄断的反垄断规制水平

现行反垄断法及其基本分析框架仍然是适用的，但要考虑一些新的因素（如平台市场、数据利用及算法行为），并在具体竞争评估和执法实践中灵活适用。如让·梯诺尔所言，"面对互联网时代的数字创新，在反垄断规制政策上要更好地维护竞争和加强消费者保护，需要反思既有的监管工具箱，同时设计新的监管流程"[①]。

（一）创新反垄断的分析工具和执法思路

一是及时吸收新的经济理论，强化经济分析。面对数字时代的反垄断难题，要避免采取不适用的传统思路对数字市场运作方式、平台竞争发展动态预判后果，对传统经济或实体市场中没有先例的行为产生误判。数字经济、平台经济的新特点增加了反垄断分析的复杂性，执法者既要善于运用广为接受的经济理论，也要对新的经济理论保持开放，不能将思维限于某一种经济理论，要始终保持开放学习的态度[②]。此外，产学研、执法机构及法官应共同探讨数字经济、平台经济当中的公共政策问题；鼓励跨领域、

---

① 引自诺贝尔经济学奖得主让·梯诺尔2018年12月16日在北京于信息化百人会的座谈会上题为"互联网时代的竞争与治理"的专题报告观点。

② 引自：朱理："互联网领域竞争行为的法律边界：挑战与司法回应"，《竞争政策研究》2015年第1期，第11～19页。

跨学科的沟通对话。针对数字经济领域出现的一些新问题，如算法合谋或数据滥用，更要加强经济学家、法学家及行业专家的交流与合作。

二是围绕垄断地位认定、垄断行为取证、垄断规制工具等重点问题探索新的分析方法或实现方式。首先，在反垄断分析中，弱化相对静态的市场结构及市场力量分析，更关注市场的进入壁垒变化或市场的可竞争性程度。即使有必要在特定的竞争评估中予以探讨，也应当根据具体情况灵活判断。其次，一些传统工具可能不再适用于数字平台企业。例如，传统的SSNIP 测试方法应用到双边市场界定，惯用市场份额、HHI 指数以及成本加成状况等定量指标来识别市场支配地位等。适当少用结构性指标和成本加成指标，更侧重对潜在竞争状况的分析，重视动态效率的抗辩机制。再次，加强对双边或多边平台的网络效应、价格结构、使用限制、平台差异化、用户多归属等特性的分析，建立相适应的标准工具。最后，应当尽可能减少对行为"本身违法"的预判，而应当更多地采用"合理原则"，在分析行为的影响之后，再决定是否进行法律干预、进行怎样的法律干预。

三是结合数字平台竞争的新挑战，不断创新执法思路。数字经济呈现明显的数据、算法驱动型特征，对涉嫌违法行为反竞争效果的认定过程中，数据、算法的权重应逐步提高。例如，数据资源已成为数字平台间竞争的核心关切：新进入者难以在短期内掌握足够多的数据，很难开展有效的市场竞争；垄断平台也可能利用大数据优势对用户分类管理，实施所谓的"一类价格歧视"，甚至可能滥用数据中的隐私信息，影响安全。德国联邦卡特尔局自 2016 年 3 月起对脸谱涉嫌滥用市场支配地位的调查到 2019 年 2 月作出正式裁决，核心就是将具有支配地位的平台经营者违法收集、合并、使用用户数据视为滥用行为，构成反垄断法中的"交易条件滥用"——这被不少业内专家认为极具创新性（将数据保护与垄断地位滥用结合）①。类似地，美国、法国、英国等多国监管机构均因脸谱的数据使用问题相继开展了严格的安全审查或反垄断调查。反垄断分析必须对数据的经济特性、数据使用的权利保护及数据竞争等开展深入分析，努力将大数据利用中的潜在负面影响降到最低。

四是重视行为影响和效果评估，更多采取"合理原则"，不作"有罪推定"。研究表明，直接通过判定市场结构实施反垄断的做法已经不大合适，对数字平台企业涉嫌垄断行为的规制将越来越依靠更加复杂的经济分析手段，特别是基于"行为—绩效"的实证分析。对任何市场行为的竞争效果评估，必须回归市场现实与经济理性，把行为置于具体竞争环境下和具体市场中进行考察，准确识别行为对竞争的影响，着重分析其对市场竞争机制是否造成损害。对于数字经济、平台经济领域，在考察行为对竞争的综合效果时，应注意将创新和动态竞争纳入分析过程，避免机械适用传统垄断行为分析方法。同时，对涉嫌违法行为的反竞争效果认定过程中，还需要在分析方法上把握好"反事实比对"的思路，个案中做好"若无测试"。数字经济环境下企业特定行为的竞争效果复杂，应将涉嫌违法行为影响下的市场竞争现状与假定涉嫌违法行为没发生时的市场竞争状况进行比对分析，从而判断涉嫌违法行为是否严重排除竞争或限制了竞争效果。

（二）分类对待、精准施策，关注潜在危害大的行为，增强反垄断法的威慑力

一是要对数字平台进行分类，针对不同类型的数字平台实行差别化监管，精准施策。若忽略数字平台的不同类型、不同功能属性、不同的

---

① 引自：宋迎、周万里："德国《竞争政策：数字市场的挑战》调研报告介评"，载于韩伟主编：《数字市场竞争政策研究》，法律出版社2017年版。

行业领域以及发展阶段，容易导致竞争评估发生严重误判。一方面，分析搜索引擎、社交网络、电商平台、移动支付和其他交易模式时，应对不同功能或类型的平台各个方面进行逐一详细分析。对诸如网络零售、社交网络等不少行业领域而言，即便暂时的竞争很有限，也不能确定这种情况属于临时的还是持久的；同时在高市场集中度情况下，行业创新的动力依然很强，那么这种情况也是有效率的；这就将要求相应的行政干预应当克制，竞争执法应该主要针对那些反竞争效果已相对明确的市场行为。另一方面，针对同样的市场行为，对不同地位、不同发展阶段的数字平台应区别对待。例如，同样是补贴行为，对于在位的垄断平台而言可能是反竞争的，对新进入者可能是有利于竞争的。类似地，国内外不少竞争执法官员也认为，一些反竞争行为在平台小的时候可能影响不大，平台规模大了以后就要及时予以规制。此外，由于超大型平台企业崛起已经在推动经济社会的资源重组和权利重构，因此，那些对市场"具化"程度越高、占据信息优势越多、公共产品属性越强的平台，应该受到更多的治理关注[①]。

二是重点关注一些潜在危害大的反竞争行为。从不同类型平台角度看，对搜索引擎平台而言，特别是那些水平搜索平台，竞争规制的重点应该是存在滥用或篡改排序权相关算法导致不合理的差别待遇。一方面，对社交网络平台而言，过度收集和使用用户数据近些年成为竞争关注焦点。对电商平台而言，关注重点应是买方力量的合理使用，搭售、捆绑及纵向限制问题，也应及时考虑近些年引发普遍担忧、隐蔽性极高的新型垄断协议——算法合谋等。另一方面，如果单从行为本身而言，从国内外实践看，数字经济领域的垄断行为主要是滥用市场支配地位的行为，

---

① 参见：中国信息通信研究院：《互联网平台治理研究报告（2019年）》。

应重点加以对待。特别要警惕一些超大型数字平台将某个市场中已有的市场支配地位直接"传导"到其他相邻市场中，破坏相邻市场的良性竞争秩序或带来明显的用户锁定，实现所谓的"跨界垄断"。拥有数据与流量巨大优势的超大型平台，通过搭售、捆绑、排他性交易等行为，很容易将在某单一市场的支配地位，传导至其他市场，开展多领域生态布局。随着数据深度挖掘技术逐步成熟，平台传导行为更加多元化、隐蔽化与便利化。例如，欧委会针对超大型数字平台采取同一主体多案并行的调查方案，通过多次重罚阻止超大型平台垄断力量的传导。总的来说，监管部门应对带来明显限制竞争、打压新进入者或侵犯用户利益的行为予以重点关注，对一些典型案件要及时查处，加大违法成本，增强反垄断法的威慑力。当然，对一些争议较大的复杂问题，不宜预设结论，应结合具体情况分析。

　　三是要有效区分反竞争行为和合理竞争行为。尽管社会普遍担心一些"数字平台寡头"会滥用其依靠网络外部性获得的市场支配地位，但在具体分析中必须逐一分析，不能预设结论或作"有罪推定"，还应更多将创新因素纳入分析重点。以"价格歧视"行为为例。相对于传统企业，平台企业掌握了大量用户数据及其交易数据，通过这些"大数据"对用户进行精准画像，可以实现传统经济中很难实现的"一类价格歧视"，或者说完全价格歧视。现在公众热议的"大数据杀熟"，就是平台借助大数据进行"一类价格歧视"的表现。不过，对此需要更全面的视角来审视。首先，平台对消费者的价格歧视是基于提供个性化服务基础之上的，本质上是一种"个性化定价"：通过大数据分析事实上挖掘出了消费者潜在偏好，可能增加消费者福利。其次，传统认为"一类价格歧视"会完全剥夺消费者剩余时的前提是消费者不存在选择的权利，但如果有选择，消费者就可以"用脚投票"。考虑到多数平台的用户参与多归属性，消费者的选择权是较大的。此外，从社会整体看，平台的价格歧视不一定损害社会总福利。类似地，常被认为是优势企业滥用市场支配地位的一种跨界行为——搭售，也需要客观分析其产生的反竞争效果。由于平台搭售行为很多是将自营产品放到了自己建立的市场上，给予其自身产品以一定的先发优势作为对价应当是合理的；除非找到证据证明搭售确实对消费者利益造成了明显的损害，否则不应该对其进行过多的干预。当然，平台合理搭售的一个前提是，应当保证消费者的知情权。对于人为制造信息不对称，暗中搭售的平台，就应当及时予以规制。

（三）针对数字经济的前沿问题加强立法或修法调研，加快完善法律法规体系

在制定反垄断相关配套立法、出台释法指南或今后必要修法时，应充分体现数字时代特征，使之更加适应现实发展需要。《中华人民共和国反垄断法》已实施 10 年有余，由于框架性和粗线条特点，对许多新问题还需要在配套性规章、相关指南、规范性文件中加以针对性说明。总体看，应进一步运用竞争政策，协调反垄断法多元的立法宗旨，确定反垄断法的实施边界、实施标准，约束新型排除或限制竞争的行为，同时保护好企业创新的动力。一是依托国务院反垄断委员会和反垄断局，尽快发布并修订数字平台企业竞争中的垄断行为评估指南，研究《中华人民共和国反垄断法》和《中华人民共和国反不正当竞争法》在数字经济、平台经济、共享经济中的适用性，明确反垄断执法标准等，使相关规制有法可依，从根本上避免"监管真空"。将与现有法律法规冲突的业务在下一步"修改废释"工作上予以完善。二是在互联网信息服务、电子商务、交通运输新业态等典型领域，加快出台与现行竞争法、行业规章相配套的实施细则。针对当前垄断行为高发、社会高度关切的热点问题，尽快研究制定专门性、可操

作的市场行为规范或执法指南。三是统筹推动纵向与横向规章的体系化，加强顶层设计。统筹协调各部委行政法规体系化，明确行业主管部门的监管职责，特别要强化竞争法与网络安全法、消费者权益保护法、专利法、价格法、电子商务法以及相关部门规章之间的协调和配合。四是加强市场发展监测及政策研究，健全非正式规则体系。高度重视互联网平台治理应当适用的网络社会规范、自律公约、商业惯例、诚实信用原则等非正式规则，并赋予其相关约束力。

（四）提升反垄断机构层级，夯实反垄断执法能力建设

为进一步强化竞争政策在数字经济领域的关键基础性地位，建议在新组建的国家反垄断局基础上，提升其决策层级和竞争执法的强制性。同时，考虑到当前反垄断执法资源、技术和人才队伍的紧迫挑战，有必要进一步扩大反垄断机构的编制数量，增加财政性经费支持力度。数字经济领域竞争执法面对的是具有强大势力、行为错综复杂的平台主体，加上社会关注度高，对办案人员的专业化水平要求很高。执法人员不仅要有深厚的法律知识，还需要具备深厚的经济理论功底。相较于国外竞争执法机构，我国现有机构专业人才不足、执法资源有限等问题十分突出。为加快提升我国新经济领域反垄断规制能力，建议尽快制定人才培养、人才引进及职业培训规划，在有条件的大学设置相应学科，夯实创新型执法人才的培养基础。同时，也要充分利用社会化、第三方专业机构或智库的力量，不断拓展人才队伍和网络。与此同时，反垄断机构要持续加强专业能力建设，特别在监管技术升级、执法工具改进、外部专家队伍建设等方面予以充分重视。

（五）促进与国外主要反垄断辖区之间的合作

数字市场往往是跨地区、跨国家开展竞争，使之可能产生管辖权问题以及执法协调问题。为此，处理数字经济领域的竞争问题需要不同司法辖区反垄断执法机构之间的相互协作、配合。近年来，我国竞争执法机构在国际合作与协调方面取得了很大进展，与不少国家的竞争执法部门签署了一系列执法合作协议。考虑到数字市场的特殊性和高度复杂性，建议反垄断局可进一步考虑与美国、欧盟等重要反垄断司法辖区针对数字经济领域签署专门的执法合作双边协议。同时，要与我国数字经济发展的全球化趋势相适应，用国际视野和标准审视反垄断规制的效果，不断提高我国在全球数字经济治理中制度性话语权的地位，增强数字平台综合监管的国际化水平。

熊鸿儒

尽快破除医疗设备智能化发展中的四大制约 [*]

新冠肺炎疫情加速了医疗设备智能化升级进程，但仍存在"数据流通难、行业准入难、市场推广难、事后监管弱"四大制约，需尽快破除。

一、疫情加速医疗器械智能化发展，为国产替代带来重要机遇

疫情加速了智能医疗器械应用。智能医疗器械将人工智能、5G 等新兴数字技术应用到医疗器械中，辅助医疗服务和诊断，是"智慧医疗"在医疗器械领域的新发展趋势。疫情防控加速了智能医疗器械的应用，医学影像辅助诊断、智能医用机器人等新型应用快速上升。2020 年 2 月 21 日，湖北方舱医院就部署了搭载腾讯人工智能医学影像的人工智能 CT 设备，随后各类智能医疗器械进入抗疫一线，在缓解医护短缺问题的同时也加速了自身发展。疫情暴发以来，社会对人工智能应用于医疗领域的关注度也持续上升。百度搜索大数据显示，自 2020 年 1 月 23 日以来，"智慧医疗"搜索热度 ^① 最高上涨了约 5 倍（见图 1）。

＊ 本文成稿于2020年7月。

① 以网民在百度的搜索量为数据基础，以关键词为统计对象，分析并计算出各个关键词在百度网页搜索中搜索频次的加权。

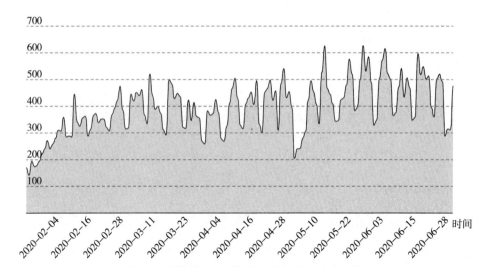

图1 疫情暴发以来"智慧医疗"搜索热度变化

医疗器械智能化转型为我国带来了"换道超车"的机遇。长期以来，我国医疗器械产业核心技术受制于人，高端医疗器械严重依赖国外。2020年，我国医疗器械市场规模有望超过 7600 亿元，但高端市场约 80% 的份额仍将被跨国公司占有[①]。尽管当前我国医疗器械企业技术能力有所增强，但受制于国外巨头们长期积累形成的专利和市场优势，在高端医疗器械领域尚未实现大的突破。近年来，人工智能、5G 等新技术在医疗器械领域快速渗透，为我国本土企业打开了新的技术赶超和升级空间。疫情全球蔓延导致医疗器械核心零部件供应受阻，反而催生出本土企业的市场机会和成长空间。我国超大规模、多层次且快速升级的医疗需求也为国内智能医疗器械产业发展提供了有力的市场支撑。2020 年，我国 65 岁及以上的老年人口约 1.8 亿，独居老人超过 2500 万户，慢病患者约 3 亿，且未来 15 年仍将呈快速上升趋势，到 2035 年预计接近翻倍。医疗器械市场需求潜力巨大。

---

① 资料来源：前瞻产业研究院、艾媒研究院。

二、推动智能医疗器械创新发展须尽快破除四大瓶颈

医疗信息共享不足，产品研制面临"数据流通难"。智能医疗器械研制需要医疗大数据的支撑。由于医疗数据流通利用规则不明确，全国各级各类医疗信息开放共享平台建设迟缓。国家在建的 5 个健康医疗大数据区域中心目前主要为医疗机构之间，以及医疗机构与卫生行政部门的医疗统计数据共享提供服务，尚难适应智能医疗器械研制的需要。目前，国家卫健委组建的三大健康医疗大数据集团正在与各地医院合作建立医疗大数据库，对外开放共享仍在探索中。据国家卫生健康委统计信息中心调查显示，2019 年仍有近一半的三级医院尚未开展大数据、人工智能技术应用。医疗企业应用医疗数据开展产品研制需通过非正式渠道与医院对接，成本高、难度大，制约了智能医疗器械的发展。

智能医疗器械准入标准和检验评价制度不完善，产品进入市场面临"行业准入难"。我国于 2017 年将智能医疗器械产品纳入《医疗器械分类目录》，2019 年 7 月出台了该类新产品注册上市的审批细则，主要依据"是否给出诊断结论"分为Ⅱ类（中等风险）和Ⅲ类（高风险）审批。但该分类标准并未合理区分产品风险，致使大多数智能医疗器械产品被归入Ⅲ类管理，一些低风险产品也面临较高市场准入门槛。此外，国内针对智能医疗器械产品的检验和质量评价工作（包括算法性能、临床试验等）还面临标准数据集未建立、技术法规不完善等问题，导致审批周期较长，通常需 2 ~ 3 年。由于准入难，目前国内仅 2 款智能医疗器械产品获得Ⅲ类证许可上市。相对而言，美国食品药品监督管理局（FDA）批复的大部分人工智能医疗器械产品按Ⅱ类医疗器械采取"上市前通知"程序 [①] 审批，通过

---

① 即510（k）方式，依据美国《食品、药品和化妆品法案》第510（k）节的具体规定，企业只需提交与市场上已有同类产品在用途、技术特点方面的实质等效性评估。

与传统临床决策支持系统做等同对比证明安全有效性即可；仅少数确实具有重大风险的器械以及新产品才被归入Ⅲ类医疗器械管理，按相对严格的"上市前批准"程序^①进行审批。美国 FDA 还单独成立人工智能与数字医疗审评部，推进降低审批门槛，并根据已上市产品的使用情况及时改革审批规程或更新规则。2018—2019 年度，美国批准了 17 款放射类智能医疗器械产品，其中独立人工智能软件的平均获批周期仅 137 天。

智能辅助诊断服务风险承担机制缺乏，产品应用面临"市场推广难"。由于社会对人工智能这一新兴技术应用于医疗领域有一个接受过程，再加上目前对于人工智能辅助诊疗涉及的责任承担尚没有明确的法律界定和认定标准，因此智能医疗器械产品难以被医疗机构接受。

医疗器械事中事后监管体系不完善，产品上市后面临"事后监管弱"。对于智能医疗器械这类风险尚难准确评估的产品，上市后的监管同等重要。但我国对医疗器械上市后的监管手段较单一，仅采取不良事件报告和召回处理方式，对企业主动上报依赖度高，难以及时管控风险。对此，可充分借鉴欧盟的相关经验。2017 年，欧盟出台了欧盟医疗器械法规，对医疗器械进行全生命周期管理。欧盟主管医疗器械审批的公告机构^②会对上市后产品进行临床应用跟踪（要求厂商主动收集上报上市后临床数据，评估安全有效性及可能的副作用），对制造商进行年度审核以确保采用批准的质量管理体系和上市后监管计划，以及对产品变更进行评估^③等。

---

① 即"Premarket Approval"（PMA），需按科学性和法规要求对医疗器械的安全有效性进行审查。

② 所谓"公告机构"，指欧盟公布的一系列由欧盟统一监管和认证资质授权的机构。欧盟授予每家机构一个唯一的四位数编码即公告号，CE证书的申请和颁发就由对应法规和指令授权的公告号机构颁发。

③ 当已获得CE证书的智能医疗器械发生变更时，制造商须遵循内部修改控制程序评估其对CE符合性的影响。如经评估为重大变更时，制造商应及时通知公告机构并进行型式检验等，由其批准后方可执行变更。

三、抓住机遇、破除障碍，推动智能医疗器械产业发展

推动智能医疗器械产业发展，既有利于提高国产医疗器械的竞争力，又有利于缓解我国公共医疗资源紧缺程度。应抓住疫情加速医疗器械智能化升级的机遇，尽快建立"数据共享、准入灵活、应用顺畅、监管到位"的政策体系，助推我国智能医疗器械产业创新发展。

一是加快推动医疗大数据共建共享进程，为产业发展构筑数据基础。研究制定"健康医疗数据流通利用管理办法"，明确健康医疗数据的隐私管理标准、匿名化使用方法和要求，为医疗数据应用奠定基础。加快推进各省区市医疗共享平台建设，逐步实现电子病历等医疗数据互联互通，可选择长三角、珠三角等基础条件好的地区开展"医疗数据跨区域互联互通试点"，为建设统一的国家健康医疗大数据平台探索经验。

二是优化智能医疗器械市场准入，提高产品审批效率。加深对人工智能医疗器械产品的认知和审批经验的积累，进一步细化、优化分类审评标准和审批流程，可依据产品风险进行灵活分类，加快影像识别等相对成熟、中低风险产品上市。充分调动科研机构、医院、科技企业等多方力量的积极性，加快建设完善各类智能医疗器械的检验评价数据集并实现动态管理。进一步放宽创新医疗器械特别审批条件，鼓励和支持更多智能医疗产品申报。

三是开展智能医疗器械产品责任保险试点，促进临床应用。研究制定"智能医疗器械医疗规则"，明确产品质量责任和医生诊断责任界限。为企业提供保费补贴，鼓励商业保险开发智能医疗器械产品责任险，提高医疗机构使用智能医疗器械的积极性。将人工智能辅助诊断支持系统、智能医用机器人等相对成熟的智能医疗器械产品纳入《智慧健康养老产品及服务推广目录》。鼓励地方政府支持基层医疗机构采购智能医疗器械产品，特

别是促进边远地区推广应用。

四是加强智能医疗器械上市后的监管，降低市场应用风险。加强对上市后产品的临床应用情况跟踪，并对生产厂商的质量管理流程等进行常态化监测评估，建立全生命周期监管体系和"黑名单"制度，降低新产品应用可能存在的风险。增强产品质量（有效性和安全性）和数据安全的风险识别和处置能力。

戴建军　熊鸿儒　龙海波　张　鑫

人工智能的本质特征及其对我国经济的影响 [*]

一、人工智能的本质特征与发展前景

（一）人工智能的实质是"赋予机器人类智能"

通过赋予机器感知和模拟人类思维的能力，人工智能使机器达到乃至超越人类的智能。人工智能不同于常规计算机技术依据既定程序执行计算或控制等任务，而是具有生物智能的自学习、自组织、自适应、自行动等特征。

首先，人工智能是目标导向，而非指代特定技术。人工智能的目标是在某方面使机器具备相当于人类的智能，达到此目标即可称为人工智能，具体技术路线则可能多种多样。一方面，检验机器是否具备人类智能的最重要标准是"图灵测试"。艾伦·图灵（Alan Turing）于 1950 年在其论文《计算机器与智能》（*Computer Machinery and Intelligence*）中提出，人类通过文字交流无法分辨智能机器与人类的区别，那么该机器就通过了图灵测试，可以被认为拥有人类智能。另一方面，多种技术类型和路线均被纳入人工智能范畴。按照技术原理的差异，人工智能可以划分为符号学派、控制学派和连接学派三类。目前最为流行的神经网络和深度学习是连接学派

---

* 本文成稿于2019年7月。

的代表性技术路线，与其他学派存在本质差异。

其次，人工智能是对人类智能及其生理构造的模拟。以神经网络为例，当前流行的深度学习的重要基础是 1951 年普林斯顿大学数学系研究生马文·明斯基（Marvin Minsky）建立的神经网络机器 SNARC（Stochastic Neural Analog Reinforcement Calculator）。该算法建立了仅有 40 个神经元的网络，首次模拟了人类神经信号的传递。

最后，人工智能发展涉及数学与统计学、软件、数据、硬件乃至外部环境等众多因素。一方面，人工智能本身的发展需要算法研究、训练数据集、人工智能芯片等横跨整个创新链并覆盖多学科领域的同步进展。另一方面，人工智能与经济的融合要求外部环境进行适应性变化。所涉外部环境包含十分广泛，例如法律法规、规制政策、伦理规范、基础设施、社会舆论等。随着人工智能进一步发展并与经济深度融合，其所涉外部环境范围将进一步扩大，彼此互动和影响将日趋复杂。

（二）人工智能可能仍将波浪式发展

当前，人工智能处于本轮浪潮的巅峰。但人工智能技术成熟和大规模商业化应用可能仍将经历波折。人工智能发展史表明，每一轮人工智能发展浪潮都遭遇技术瓶颈的制约，从而商业化应用难以落地，最终重新陷入寒冬。本轮人工智能浪潮的技术天花板和商业化潜力上限无疑大大高于前两轮发展浪潮，部分专用人工智能可能获得长足进步，但许多业内专家认为目前的人工智能从机理上还不存在向通用人工智能转化的可能性，本轮人工智能发展也可能遭遇波折，难以一帆风顺快速推进。

本轮人工智能浪潮的兴起，主要归功于数据、算力和算法的飞跃。一是移动互联网普及带来的大数据爆发，二是云计算技术应用带来的计算能力飞跃和计算成本持续下降,三是机器学习在互联网领域的应用推广。作为继互联网后新一代"通用目的技术",人工智能的影响可能遍及整个经济社会,创造出众多新兴业态。这为世界经济的发展注入了新动能,但也为各国政府原有的基于传统业态和发展模式的促进政策和公共规制框架带来了一定挑战。但人工智能大规模商业化应用可能仍将是长期而曲折的过程。一方面,人工智能的发展目前仍处于早期,在可预见的未来仍将主要起到辅助人类工作而非替代人类的作用。另一方面,严重依赖数据输入和计算能力的人工智能距离真正的人类智能还有很大的差距。

(三)人工智能发展将长期处于弱人工智能阶段

按照总体发展阶段,人工智能可以大致划分为弱人工智能、强人工智能和超人工智能三个阶段。第一个阶段在现实中已部分实现,因此可被称为现实阶段,后两个阶段则仍属科幻阶段,如表1所示。

人工智能发展的基本现实是其将长期处于弱人工智能阶段。一方面,人工智能的理论基础目前仍不可能逼近强人工智能。人工智能领域权威、加州大学伯克利分校教授迈克尔·乔丹(Michael I. Jordan)在2018年4月发表的论文中指出,"深度学习技术并不存在真正的人类智慧,在我看来过于相信这些算法是一种错误的信仰""过去20年该领域取得的重大进展应当是'智能增强(Intelligence Augmentation,IA)',通常可被视为AI的一种补充,但其成功十分有限,距离AI还很遥远"。另一方面,影响力最大的强人工智能到来时点预测也与目前相距遥远。关于强人工智能到来时点的最著名预测是美国未来学家雷·库兹韦尔(Ray Kurzweil)提出的"奇点理论":2045年强人工智能将会出现,并在到达该时间节点后一个半小时成为超人工智能(见表1)。

表1 人工智能发展阶段、主要特征及可能影响

发展阶段	现实阶段	科幻阶段	
分类	弱人工智能	强人工智能	超级人工智能
主要特征	特定领域、特定规则中表现出相当于人类乃至超越人类的智能	不受领域、规则限制，具有与人类相同的想象力和创造力	远超人类智能
可能影响	1.智能推荐影响人们知识获取和价值判断；2.自动化率和生产率逐步提高；3.岗位的替代和创造基本均衡，就业结构更趋向知识密集和创造性工作	1.快速向超级人工智能转化；2.科技加速进步，生产率大幅提高；3.人类绝大多数工作被替代	技术发展脱离人类控制，难以预期

二、国内外普遍认为人工智能将对未来经济发展产生重要影响

（一）人工智能将是未来生产率提升和经济增长的关键推动力

人工智能被广泛认为是新一代通用目的技术，人工智能技术的应用将提升生产率，进而促进经济增长。有学者将人工智能和数字技术应用视为第二次机器革命的支柱，认为此次革命将带动经济跃迁式的增长。

许多商业研究机构对人工智能经济影响进行了预测，主要预测指标包括GDP增长率、市场规模、劳动生产率、行业增长率等，目前关于人工智能对全要素生产率影响程度的直接预测仍然较少。

多数主要商业研究机构认为，总体上看，世界各国都将受益于人工智能，实现经济大幅增长。人工智能将助推全球生产总值增长12%左右，近10万亿美元。北美与欧洲将是此轮智能革命的最大受益者。由于发展中国

家（特别是拉丁美洲和非洲）对人工智能技术的采用率预期较低，因此人工智能将会促使其经济适度发展。

主要商业机构的另一个共识是，人工智能将催生数个千亿美元甚至万亿美元规模的产业。赛迪研究院曾预计，2018 年，全球人工智能市场规模将达到 2697 亿元，增长率达到 17%。更多机构数据显示，最近 5 年，全球人工智能市场规模年均增长率达到 15%。2016 年年末，中国人工智能市场规模还不足 300 亿元，预计到 2018 年，这一市场规模有望突破 380 亿元，复合增长率为 26%。以金融行业为例，据高盛公司估计，到 2025 年，人工智能可通过节省成本和带来新盈利机会创造大约每年 340 亿～430 亿美元的价值。

普华永道的研究[①]表明，人工智能将提振全球经济。以量化来看，从 2018 年到 2030 年，人工智能将促使全球生产总值增长 14%。这意味着，人工智能将在未来 10 年为世界经济贡献 15.7 万亿美元。普华永道认为，"从地域分布来看，中国和北美有望成为人工智能最大受益者，总获益相当于 10.7 万亿美元，占据全球增长比例的近 70%。在人工智能发展初期，由于技术成熟度较高，北美的生产力增长速度将高于中国。但 10 年之后，中国完成了相对缓慢的技术和专业知识积累，则将开始赶超北美"。普华永道还推出了"人工智能影响指数"这一概念，由于人工智能将提高生产力和产品价值，并推动消费增长，零售业、金融服务和医疗保健将是最大受益行业。

人工智能对全球经济的推动和牵引，可能将呈现三种形态和方式[②]。其一，它创造了一种新的虚拟劳动力，能够解决需要适应性和敏捷性的复杂

---

① 资料来源：《抓住机遇——什么是人工智能的真正商业价值以及如何利用它？》（*Sizing the prize – What's the real value of AI for your business and how can you capitalize?*）。

② 资料来源：《人工智能：助力中国经济增长》，埃森哲，2017年。

任务，即"智能自动化"；其二，人工智能对现有劳动力和实物资产进行有力的补充和提升，提升员工能力，提高资本效率；其三，人工智能的普及，将推动多行业的相关创新，提高全要素生产率，开辟崭新的经济增长空间。埃森哲将人工智能对未来 15 年经济增长的影响分为三种情境：一是未引入人工智能的预计增长情况，此为对比基准线情境；二是人工智能仅影响全要素生产率的预计增长情况，埃森哲预期在此种情境下人工智能带来的 GDP 增长率为 3.2%；三是人工智能作为新生产要素的预计增长情况，埃森哲预期在此种情境下人工智能带来的 GDP 增长率高达 27.1%。

（二）人工智能替代劳动的速度、广度和深度将前所未有

自 18 世纪经济学诞生以来，技术进步导致机器替代劳动就成为学者们关注的一个重要问题。主流观点认为，技术进步对就业存在两种截然相反的影响——负向的抑制效应和正向的创造效应。抑制效应来源于技术创新的节约效果，劳动生产率的提高会导致对劳动力需求的下降，从而造成失业增加。创造效应则来源于技术进步加速带来的企业经营规模扩大，工作机会增加，从而导致失业减少。从第一次工业革命以来的历史数据来看，技术进步并未导致失业率在长期内呈现上升趋势。

人工智能替代劳动既是技术进步对失业影响的最新体现，又有其与以往不同的特点。许多经济学家认为，人工智能使机器开始具备人类大脑的功能，将以全新的方式替代人类劳动，冲击许多以前未受技术进步影响的职业，其替代劳动的速度、广度和深度将大大超越以前的技术进步。

Frey 和 Osborne 使用概率分类模型给出了美国 702 种职业在将来被自动化的可能性，结果表明美国 47% 的职业被自动化的风险较高。运用类似的方法，David 估计日本 55% 的职业存在被自动化的高度风险。但被上述方法认定为具有高度被自动化风险的职位中，存在很大份额难以被自动化

的任务，这就导致未来工作被自动化的比例被大大高估了。Arntz 等人运用基于任务的方法（Task-based Approach）对 21 个 OECD 国家工作自动化可能性的份额进行了估计，结果大大小于基于职位的方法，工作任务存在较高被自动化风险的比例仅为 9%。他们同时还指出，工作存在被自动化的风险并不一定意味着工作的实际损失，原因有三：第一，技术应用存在社会、法律、经济等多方面障碍，进展较为缓慢，技术对劳动的替代难以很快实现；第二，劳动者可以转换技术禀赋；第三，新技术的需求将创造新的工作岗位。

人工智能可能带来"就业极化"现象。就业极化是指人工智能或自动化对中等技能的工作替代最为严重，高技能和低技能工作反而可能有所增长。大量研究指出，就业极化现象已在许多国家的劳动力市场出现。有些学者尝试解释就业极化现象，如 Feng 和 Graetz 提出，自动化的难易取决于任务复杂度和培训需求度，任务越复杂、培训需求越高的工作越不易被自动化，而任务简单、培训需求低的工作被自动化并不具有经济性，因此企业倾向于自动化中等复杂程度、培训需求较高的工作，这就导致了就业极化现象。

三、人工智能对我国经济发展可能产生的影响

（一）评估人工智能经济影响的方法

1. 技术路线

人工智能对经济影响的研究尽管取得了一些成果，但目前仍处于研究的早期探索阶段，还未形成成熟的理论和实证分析框架。当前的研究存在两个主要问题：一是人工智能影响机制复杂，难以有效和全面地纳入理论

模型；二是人工智能影响的代理变量难以建立，相关统计数据匮乏。在当前的理论和数据条件下，为简化问题，本研究以人工智能应用对生产率带来的冲击作为输入变量，将该变量导入可计算一般均衡模型，分情境讨论其对主要宏观经济变量的影响。实证研究技术路线如下：（1）收集和分析国内外权威论文和报告关于人工智能应用对我国产业生产率影响程度的判断，并据此预测人工智能应用对我国各主要产业生产率的影响程度在高、中、低三种情境下的可能值。（2）基于投入产出表等数据构建社会核算矩阵（SAM），将产业划分为人工智能核心产业和相关产业，建立可计算一般均衡（CGE）模型。（3）将（1）中所得的产业生产率作为外生变量引入模型，分析生产率冲击对模型的影响，从而得出高、中、低三种情境下人工智能应用对我国主要宏观经济变量的影响。如图1所示。

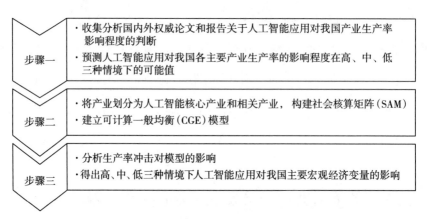

图1 评估人工智能应用对中国经济影响的技术路线

2. 情境设定

综合主要商业机构和经济学界的预测，本研究将设置三种人工智能带来的短期生产率冲击的情境，依次是：低等情境（人工智能带来较低程度的生产率增长）、中等情境（人工智能带来中等程度的生产率增长）、高等情境（人工智能带来较高程度的生产率增长）。同时，还对不同产业的生产率冲击作出不同设定。如表2所示。

表2 人工智能带来生产率冲击的模拟情境设定 单位：%

	低等情境	中等情境	高等情境
人工智能核心制造业	1.6	3.2	4.8
人工智能核心服务业	1.3	2.6	3.9
人工智能相关产业	0.8	1.6	2.4

3. 一般均衡模型构建

我国目前发布的涉及人工智能发展的政策文本大多将与人工智能有关的产业划分为人工智能核心产业和人工智能相关产业，但并未对此二者作出精确定义。为简化定量分析框架，本研究按照139部门投入产出表分类，将"计算机""通信设备""广播电视设备和雷达及配套设备""视听设备""电子元器件""其他电子设备和仪器仪表"等9类高技术产业视为人工智能核心制造业，将"软件和信息技术服务""电信和其他信息传输服务""研究和试验发展"等5类科技服务业视为人工智能核心服务业，而将其他125类产业归并为农业、原材料工业、消费品工业、一般装备制造业、建筑业、一般生产者服务业、消费者服务业7大类产业，并按照"智能+"的概念将其视为人工智能相关产业。据此建立SAM，作为CGE模型的数据基础。

（二）主要结论

1. 短期中，人工智能发展将对我国经济产生显著促进作用

我们利用本研究建立的人工智能核心制造业与核心服务业CGE模型，假定短期内产业结构不发生显著变化，检验了低等、中等和高等三种情境下人工智能发展对经济宏观变量的影响[1]。模拟结果如表3所示。

---

[1] 本研究使用的计算软件是GAMS（General Algebraic Modeling System，通用代数建模系统）23.8.2。

表3　主要宏观变量的模拟结果　　　　　　　　　单位：%

宏观变量	低等情境	中等情境	高等情境
企业收入	1.27	2.32	3.22
投资总额	2.36	4.55	6.59
政府收入	4.11	7.70	10.89
政府支出	2.49	4.71	6.71
劳动量总供给	4.49	8.99	13.50
资本量总供给	1.33	2.42	3.37
GDP价格指数	2.80	5.33	7.76
实际GDP	0.65	1.27	1.86

从本研究的模拟结果来看，人工智能发展将对我国经济产生显著的正向影响。在正常情境（即中等情境）下，如人工智能发展带来生产率提升，短期内将为我国实际 GDP 带来 1.27% 的增长。同时，政府收入将提升 7.70%。此外还值得关注的是，劳动量总供给大幅提升，达 8.99%，显著多于资本量总供给的 2.42%，可能说明人工智能的应用使劳动量供给出现了一定程度的冗余（见表 3）。

必须指出的是，人工智能发展对宏观经济变量，特别是经济增长的影响，至少存在三条路径：一是创造"虚拟劳动力"，二是提高资本效率，三是提高各行业全要素生产率。本实证研究只考虑第三条路径，即不同程度地提高各行业全要素生产率的影响，同时仅依据现有研究对各主要行业的全要素生产率提高程度作出保守估计。此外，本研究只考虑短期冲击，也未考虑未来产业结构变化的影响。因此，本研究的模拟结果可能存在一定程度的低估。

2. 长期中，人工智能将减缓产业转移并形成对自主创新的更大需求

从模型分析结果和相关资料来看，人工智能在短期内对经济的贡献和对就业的冲击可能是有限的。根据 Gartner 发布的 2018 年智能机器技术成

熟度曲线，大多数人工智能领域技术距离成功商业化仍然较为遥远。截至
2018 年 7 月，在纳入统计的 35 项人工智能领域技术中，处于创新萌芽期
和期望膨胀的巅峰期的技术达 23 项，占比 65.7%；处于泡沫化的谷底期的
技术为 8 项，占比为 22.9%；处于稳步爬升的光明期和实质生产的高峰期
的技术仅有 4 项，占比仅为 11.4%。其中，绝大多数技术需要 2 ～ 5 年才
可能达到高峰期。通用人工智能和无人驾驶车辆则需要 10 年以上的时间。
因此，设置人工智能促进政策的目标不应对短期内人工智能的商业化落地
及对经济的贡献有过高期待。此外，从短期来看，人工智能不太可能带来
大规模失业。与之相反，它还弥补了刘易斯拐点到来之后的低技能劳动力
匮乏。因此，目前仅需要根据自动化的进展在现有的社会保障政策基础上
逐步加以改进，而不需采用激进的社会保障制度改革，如引入全民基本收
入等。

从长期来看，人工智能的发展路径和速度难以预测。我国应当对人工
智能加速发展可能导致的世界经济发展模式变化保持警惕。在人工智能快
速发展的情境下，雁阵模式 ① 所解释的国际产业转移可能遭到一定冲击，
对后发国家的经济发展形成更多制约。人工智能的快速发展可能极大地削
弱后发国家低成本劳动力的比较优势，从而降低领先国家的跨国公司向后
发国家提供资本品和技术的动力。极端情况下，领先国家的科技创新可能
在其国内或发展水平相近的伙伴国家内部实现从研发、生产，到消费的自
循环。长期来看，后发国家实现工业化和经济起飞的机遇减少，领先国家
和后发国家的经济联系主要局限于原材料供应和人才输出，南北差距扩

---

① 雁阵模式基于东亚经济发展经验总结和比较优势理论支撑，可主要分为早期和现代两个
版本。前者指出后发开放经济体的产业发展将经历进口、进口替代和出口三个阶段；后者则强调
领先国家持续创新的能力以及其对后发国家资本品和技术的供给。根据比较优势理论，推动雁阵
模式运行的一个重要因素是后发经济体相对低廉的劳动力。同时，城乡二元结构也带来工业化和
城市化转型的强大动力。

大。但以上的理论推演和现实可能存在一定差异，原因有二：一是技术进步的速度难以预测，但从中短期来看，转变过程是缓慢而非剧烈的；二是影响未来世界经济格局的因素众多，技术冲击是其中一个主要因素，人工智能发展则是技术冲击的一个主要部分，在众多因素叠加和相互作用下，极端情况可能不会出现。然而，总的来看，人工智能的发展将削弱雁阵模式，对后发国家的经济发展造成一定制约。由于我国的技术水平落后于美国等发达国家，但领先于其他国家，人工智能技术的应用可能在减缓我国产业向发展水平较低国家转移的同时，增加对自主科技创新的需求。

张 鑫

以新思路和新机制推进新型基础设施建设[*]

发展新型基础设施有利于加快实体经济转型升级，促进数字经济发展和治理现代化。在新的技术和经济形势下，发展新型基础设施应立足长远、转变思路，探索新机制和新方式，走培育数字经济新动能、深化"放管服"改革和创新投融资模式相结合的新路。

一、充分认识新型基础设施的新定位和新特点

5G、数据中心等数字基础设施是新型基础设施的主要内容。与"铁公基"等传统基建不同，5G 的主要作用是提供更加宽阔和快捷的数据传输"新通道"；数据中心是为数字经济发展和企业数字化转型提供高速运算和存储的"新平台"；工业互联网是为工业企业提供"云化"的智能生产经营服务的"新业态"；大数据和人工智能等则是广泛应用于数据中心、工业互联网以及各行业各领域的"新技术"。因此，5G、数据中心、工业互联网等更多具有商品而不是公共品属性，属于数字技术驱动的新兴产业。这就决定了新型基础设施的投资主体更多是企业，政府的作用主要是提供公共服务、搭建公共平台以及培育应用市场。

新型基础设施还有三个鲜明的特点。一是要在融合应用中才能实现价

---

* 本文成稿于2020年4月。

值最大化，促应用、扩需求是关键。要充分释放新型基础设施提升效率、促进转型和增长的巨大潜力，关键在于"用"的广度和深度。我国数字经济发展态势和投资长期向好，但经济下行等因素将抑制数字消费需求的增长，企业尤其是中小企业数字化改造的资金压力也将大幅增加。启动和扩大对新型基础设施的消费和投资需求是一个关键的政策着力点。虽然主要用户是市场主体，但政府的示范带动作用在新技术应用的早期尤为重要。二是商业模式创新活跃，投融资创新更可行。近年来，数字技术和创新已经将交通出行和城市管理等领域的一些公共服务变成可盈利的商业模式，数据资产价值也成为吸引社会资本投资基础设施和公共服务的重要因素。新的政府和市场关系以及投融资模式正在形成。深化公共服务领域的"放管服"改革、完善数据权益的法律和政策，有利于吸引社会资本投资基础设施数字化改造。三是发展模式有较强不确定性，鼓励创新是重点。大量数字技术的市场应用还处在探索阶段，5G 应用场景和工业互联网发展模式不明朗等问题仍然存在，还需要市场不断试错。政府应鼓励不同技术路线、新业态和新模式公平竞争，避免过度干预导致在新技术新产业发展的关键节点上出现系统性风险。

总的来看，新型基础设施建设应坚持市场为主、政府撬动、适度超前、示范先行的原则，促投资和扩应用双向着力，统筹 5G 等新技术的增量投资和传统基础设施的数字化改造，在推动实体经济转型升级的同时，加快提升欠发达地区和低收入群体的公共服务水平，创新投融资机制，实现投资、消费和转型升级的联动。

二、新型基础设施建设的主要内容

一是启动新一轮电子政务和智慧城市系统改造升级工程，扩大对新型基础设施的直接应用需求。疫情使数字技术对治理能力的提升作用得到广泛认可，应抓住契机，以实现"智慧治理"为目标，在新一轮改造升级过程中主动引入 5G 新技术应用，同时着力加强治理机制建设。除对安全保密有特殊要求外，智慧城市和公共数据中心建设，以及云计算、在线办公等公共服务，应更多采用 PPP 和政府购买服务等方式，以示范效应拉动市场需求。

二是加快传统基础设施的数字化改造。积极推进交通、电力、水利、物流和市政等基础设施、公用事业和国家重大工程等的数字化改造，打造智能化的交通运输、物流配送和城市基础设施体系。同时，加大公共交通和公用事业等领域的市场准入改革力度，推广和创新政企合作的投融资新模式，充分释放数字技术降成本、提效率和优服务的巨大潜力。

三是为工业互联网发展提供公共服务支撑。支持面向广大中小企业以及提供安全和标准服务的工业互联网公共平台建设；采取补贴和资助等方式支持各行业、各领域工业互联网示范平台和示范项目发展。

四是提升民生工程的数字化服务水平。加快利用数字技术促进基本公共服务均等化、缩小东西部数字鸿沟的步伐。加大对"互联网＋医疗"和"互联网＋教育"的公共财政投入力度，切实推动"智慧医院"和"智慧教育"发展，让欠发达地区尤其是边远山区的群众享受到优质医疗资源和教育资源，提升欠发达地区的人力资本水平。

五是参考创新券的做法与经验，为中小企业发放"新型基础设施专项使用券"，引导企业实现数字化转型。有"上云"、接入工业互联网等数字化转型计划的中小企业，可以向当地政府主管部门提出申请并免费获得"新型基础设施专项使用券"，用来支付 5G 网络、数据中心和云计算服务等费用，服务提供方凭收取的使用券向政府指定机构兑现。鼓励在京津冀、长三角、粤港澳大湾区等重点区域内实现跨省市通用通兑。

三、推进新型基础设施建设的建议

一是加强主管部门之间的规划和政策协调。新型基础设施范围广，涉及部门较多，相关规划的重点领域和关键环节等有一定重叠交叉。例如，多个部委表示要投资 5G、人工智能等领域的"技术研发与创新"，并开展应用示范项目。各部门要加强新型基础设施相关产业链和创新链的规划协同，加强重大基础软件升级和硬件投资的政策协调，防止出现"资金链、产业链、创新链、政策链"脱节和"软硬件投资两张皮"等问题。

二是强化新型基础设施在区域发展战略中的地位。新型基础设施有利于信息的互联互通，对促进区域协调发展具有重要意义。应以此为抓手，明确在"京津冀协同发展战略"中协调推进新型基础设施的要求，加快落实"粤港澳大湾区""长三角一体化"等区域发展战略中对新型基础设施的投资和应用安排，积极探索跨区域"共投、共建、共享"的新机制。

三是努力降低运行成本。由于耗电量巨大，电费支出将成为 5G、数据中心、工业互联网等新型基础设施运行的重要成本。例如，5G 基站耗电量约为同等 4G 基站的 3 倍，2019 年曾有个别地区的电信运营商因电费支出过高而不愿提前开启 5G 网络。建议对具备条件的新型基础设施改转供电为直供电，不具备条件的给予优惠电价。

四是推进政府数据开放共享。政府数据开放共享对提高公共服务水平和促进数字经济发展具有重要基础性作用。但由于数据标准不统一、各部门激励不足等原因，数据开放水平低和"数据孤岛"问题长期存在。建议加大部际协调力度，推动垂直管理部门数据在地方层面依法按需开放共享；将政府数据开放纳入"中国营商环境评价体系"，提高地方政府推进落实的积极性。

五是在保障安全的基础上发展数据市场。一方面，数据的可交易性直接影响数据资产的价值，进而影响社会资本投资新型基础设施的积极性。但另一方面，新型基础设施运营过程中会产生海量数据，隐私泄露和网络安全问题将更为突出。建议加快个人信息保护法立法进程，实现隐私保护和数据利用的平衡；推广网络信息安全标准、产品和服务在新型基础设施中的应用，在重点领域将网络安全作为设施验收和运营的先决条件。

马名杰 田杰棠 杨 超 张 鑫